Richard Panek

Das Auge Gottes

Das Teleskop und die lange Entdeckung der Unendlichkeit

∞

Aus dem Amerikanischen
von Dieter Zimmer

Klett-Cotta

Klett-Cotta

Die Originalausgabe erschien unter dem Titel
»Seeing and Believing – How the Telescope Opened Our Eyes and
Minds to the Heavens« im Verlag Penguin

© 1998 by Richard Panek

Für die deutsche Ausgabe

© J. G. Cotta'sche Buchhandlung Nachfolger GmbH, gegr. 1659,
Stuttgart 2001

Fotomechanische Wiedergabe nur mit Genehmigung des Verlags

Printed in Austria

Schutzumschlag: Finken & Bumiller, Stuttgart,
unter Verwendung einer Abbildung von © Zefa/Masterfile

Gesetzt aus der Minion von Offizin Wissenbach, Höchberg bei Würzburg

Auf säure- und holzfreiem Werkdruckpapier gedruckt
und gebunden von Wiener Verlag, Himberg

ISBN 3-608-94272-6

Die Deutsche Bibliothek – CIP-Einheitsaufnahme
Ein Titeldatensatz für diese Publikation ist bei
Der Deutschen Bibliothek erhältlich.

AUCH DIESES BUCH
WIDME ICH MEG WOLITZER
IN LIEBE

DIE KINDER HABEN ETWAS VERRÜCKTES
AUS EINER ORANGENKISTE GEBASTELT,
DOCH ES KÖNNTE NOCH ETWAS
GANZ BESONDERES DARAUS WERDEN ...

JOHN CHEEVER

Inhalt

PROLOG

Am 15. Januar 1996 wuchs das Universum um vierzig Milliarden Galaxien.

An jenem Morgen veröffentlichte ein Team von Astronomen ein Foto, das einen tieferen Blick in die Fernen des Weltalls und damit in eine entferntere Vergangenheit bot als jemals zuvor. Es zeigte das *Hubble Deep Field* (*HDF*). Zehn Tage lang war das Weltraumteleskop Hubble im Monat zuvor auf eine einzige Stelle im All gerichtet und hatte dort so viel Licht wie irgend möglich eingefangen. Das Ergebnis verglichen die Mitarbeiter der HDF-Forschungsgruppe mit einer geologischen Bohrung in die Tiefen des Alls: Wie in einem Bohrkern zeigte diese Aufnahme Schicht für Schicht einen winzigen Ausschnitt des Universums. Der Durchmesser des Loches, das Hubble in den Nachthimmel gebohrt hatte, lag an der Grenze des Auflösungsvermögens des menschlichen Auges – es war etwa so groß wie eine kleine Münze aus einer Entfernung von ungefähr 25 Metern oder, wie es ein Mitglied der Arbeitsgruppe noch anschaulicher faßte, ein Sandkorn auf die Entfernung von einer Armlänge. Und dennoch schien dieser Ausschnitt mindestens 1500 bis 2000 Galaxien zu enthalten. Dem traditionellen Bild für die Beschreibung der Unendlichkeit, die Zahl der Sandkörner im Universum, war eine neue Metapher zur Seite getreten: die Zahl der Universen in einem Sandkorn.

Was an jenem Morgen tatsächlich wuchs, war natürlich nicht die Größe des Universums, sondern unser Wissen darüber. Bei der veröffentlichten Fotografie handelte es sich auch nicht um eine einzige Aufnahme, sondern um eine computergestützte Montage von 276 Einzelaufnahmen, die im Laufe von 150 Erdumrundungen entstanden waren. Doch die Zahl von 40 Milliarden war, so beeindruckend definitiv und wissenschaftlich verheißungsvoll sie auch klang, für die versammelten Reporter eher eine Enttäuschung, denn schon eine Stunde vor der Pressekonferenz auf dem jährlichen Wintertreffen der *American Astronomical Society* in San Antonio, Texas, hatten einige Mitglieder der Arbeitsgruppe über einem Taschenrechner gebrütet und dann bereits eine noch höhere Zahl genannt. Wenn sich schon im *Hubble Deep Field* 1500 bis 2000 Galaxien ballten und der gesamte Himmel aus etwa 30 Millionen solcher fast mikroskopisch kleiner Ausschnitte besteht, dann waren 50 Milliarden Galaxien insgesamt (und damit 40 Milliarden mehr als die bisher höchsten Schätzungen) in der Tat noch nicht einmal eine übertriebene Zahl – auch wenn es sich dabei allenfalls um eine sehr grobe Schätzung handelte.

Sie erfüllte jedoch ihren Zweck. Bereits während des Bildaufbaus auf dem Computermonitor wurde den Astronomen klar, daß hier Bildpunkt für Bildpunkt ein Dokument entstand, das die Astronomie, die Wissenschaft und vielleicht sogar das Bewußtsein von uns allen verändern könnte. So etwas geschah nicht zum erstenmal. Schon öfter in den vergangenen vier Jahrhunderten hatten bedeutende Fortschritte in der Technologie der Teleskopherstellung zu einem radikal neuen Verständnis des Weltalls geführt, und im HDF hatte Hubble Objekte von nur einem Zehntel der Leuchtkraft entdeckt, wie sie mit den besten Teleskopen auf der Erde bislang entdeckt werden konnten. Damit hatte Hubble sogar seine eigene bisherige Bestleistung verdoppelt. Die Photonen, die schließlich das HDF erzeugen sollten – unteilbare Energiepakete, abgestrahlt von ungezählten Materieteilchen –, hatten ihre Reise vor etwa 10 Milliarden Jahren begonnen und seitdem ungefähr 96 Trilliarden (96 000 000 000 000 000 000 000)

Kilometer zurückgelegt, bevor sie auf Hubbles Hauptspiegel mit 2,40 m Durchmesser trafen. Dieser bündelte sie und lenkte sie auf einen zweiten Spiegel, den Sekundärspiegel mit 30 cm Durchmesser, und weiter zu einem ganzen Arsenal wissenschaftlicher Instrumente. Dort lösten die Photonen elektronische Signale aus, die in Form von Nullen und Einsen digitalisiert zunächst zu einem Verbindungssatelliten und dann weiter zur Bodenstation in White Sands, New Mexico, gesandt wurden. Von dort gelangten die Signale als Radiowellen zuerst zurück in die Stratosphäre zu einem Nachrichtensatelliten, der sie zum *Goddard Space Flight Center* in Greenbelt, Maryland, weiterleitete, und anschließend weiter über das Telefonnetz zum *Space Telescope Science Institute* auf dem Gelände der Johns Hopkins University in Baltimore, Maryland, wo sie in Computern gespeichert wurden, bis schließlich die Astronomen sie abriefen. In diesem Moment entstand aus den Nullen und Einsen auf dem Computerbildschirm ein Bild, das zwei milliardstel Sekunden später die Augen der Wissenschaftler erreichte, und diese konnten kaum glauben, was sie da sahen. »Als wir uns die Bilder ansahen«, erklärte der Direktor des *Space Telescope Science Institute*, »fragten wir uns, ob wir hier nicht vielleicht ganz tief in unsere eigene Vergangenheit blickten«. Er war der Ansicht, das sich aufbauende Bild sei für die Erforschung der Galaxienbildung ähnlich bedeutend wie die Entdeckung der Doppelhelix für die Biologie, und ein anderer Forscher verglich es mit den antiken Schriftrollen der Bibeltexte von Qumran am Toten Meer.

In der Beziehung zwischen dem Teleskop und unserem Verständnis der Dimensionen des Universums spiegelt sich in vielerlei Hinsicht die Geschichte der Moderne wider. Hierbei geht es darum, wie die Entwicklung einer Technologie unseren Blick auf uns selbst verändert hat und wie unser Blick auf uns selbst wiederum dieses Stück Technologie verändert hat, wobei im Lauf der Jahrhunderte jede Veränderung des einen Bereichs auch den anderen beeinflußt hat – bis wir in der Rückschau mit einiger Gewißheit sagen können, daß der entscheidende Unterschied zwischen der Welt, in der wir heute leben, und der unserer Vorfahren in der Erfindung eines bestimmten Instruments liegt. Natürlich gilt dies auch für eine ganze Reihe anderer moderner Werkzeuge, darunter einige mit besonders weitreichenden Assoziationen – bewegliche Lettern, die Uhr, Pumpe und Zylinderkolben oder der nächste Verwandte des Teleskops, das Mikroskop. Dennoch hat kein anderes Instrument unseren Platz im Universum so durchweg in Frage gestellt wie das Teleskop. Genau dies ist auch seine Aufgabe, genau zu diesem Zweck wurde es ursprünglich gebaut und immer weiter und weiter verbessert: um unseren Platz im Universum zu erforschen. Um die Tiefen des Alls zu ermessen und herauszufinden, wo wir sind. Und seit man auch nur eine Ahnung davon hatte, was das Teleskop vielleicht einmal würde leisten können, war es *immer* auch ein Ziel, damit zu den Grenzen des Universums vorzudringen. Sobald klar war, was ein Teleskop erreichen kann, bestand das Ziel immer darin, seine Leistungsfähigkeit *noch weiter* zu verbessern. Und damit folgten auch die Forscher der HDF-Arbeitsgruppe nur einem Impuls, der sich bis zu den ersten Fernrohren zurückverfolgen läßt: so weit in die Tiefen des Alls zu schauen, bis …

Ja, bis wohin eigentlich?

Niemand weiß das genau. Eines der verbreitetsten und hartnäckigsten Mißverständnisse über Naturwissenschaften ist, daß sie in einer geordneten, linearen Weise ablaufen. Daß zu Beginn immer eine Hypothese vorhanden ist, die anschließend in einem Experiment bestätigt oder widerlegt wird. Und daß man für eine notwendige Beobachtung ein geeignetes Instrument entwickeln muß.

Dies ist einerseits richtig, andererseits auch wieder nicht. Zahlreiche der Vorarbeiten für das HDF-Projekt spielten sich tatsächlich nach diesem Schema von Ursache und Wirkung ab. Ein Jahr zuvor hatte der Direktor des *Space Telescope Science Institute* beschlossen, einen großen Teil der ihm jährlich zur Verfügung stehenden Beobachtungszeit am Teleskop – ein Privileg, das ihm in seiner Position zukam – zur Erforschung der Galaxienbildung zu verwenden. Seine Berater hatten vorgeschlagen, daß hierzu das Hubble-Teleskop so tief ins All spähen sollte wie noch niemals jemand zuvor, und sie hatten dafür einen geeigneten Ausschnitt des Himmels gefunden, der die nötigen Kriterien erfüllte – nicht zu viele störende Sterne unserer eigenen Galaxie, der Milchstraße, und keinerlei bekannte andere Galaxien in der Nähe, so daß der Ausschnitt ein geeignetes Schlüsselloch in den Weltraum sein konnte.

Doch dies bedeutete nicht, daß das Hubble-Team gewußt hätte, was es finden würde. Tatsächlich spielt sich Wissenschaft auch in einer nicht regelgeleiteten, intuitiven Weise ab. So steht manchmal die Beobachtung vor der Hypothese, und das Bedürfnis, eine Beobachtung zu machen, entsteht aus dem Wunsch heraus, zu sehen, was ein bestimmtes Instrument leisten kann. Manchmal besteht die beste Antwort, die sich ein Wissenschaftler wünschen kann, aus weiteren Fragen. Im Fall des *Hubble Deep Field* ergaben sich insbesondere zwei neue Fragen: Warum war auf dem Bild so viel mehr Licht zu sehen als erwartet? Und warum so viel mehr Dunkelheit?

Mehr Licht, weil die Aufnahme Galaxien in beispielloser Zahl und Vielfalt enthüllte. Nicht nur, daß die Zahl von 50 Milliarden Galaxien im Universum die bisherigen kühnsten Schätzungen um das Fünffache übertraf, sondern die Galaxien im HDF hatten Farben, Formen und Größen, die bis dahin völlig unbekannt waren. In der Astronomie ist Entfernung gleich Zeit: Je weiter entfernt ein Objekt im All ist, desto ferner liegt die Vergangenheit zurück, in der sein Licht ausgestrahlt wurde. Beim Anblick der ungewohnten bläulichen Kleckse und weißlichen Wirbel im HDF mußten sich die Forscher fragen, ob sie hier Galaxien sahen, die sich gerade bildeten und vielleicht aus einer Zeit stammten, als das All gerade einmal eine oder zwei Milliarden Jahre alt war.

Und mehr Dunkelheit, denn zwischen all diesen individuellen Lichtquellen lag immer noch das Schwarz des Weltraums. Gewöhnlich zeigen Fotografien in eine derartige Tiefe, wie es ein Forscher ausdrückte,»Galaxien dicht an dicht, daß es aussieht wie eine weiße Wand«. Statt dessen schien diese Wand Löcher zu haben. Teilweise war diese Klarheit der bisher unerreichten Auflösung von Hubble zu verdanken, der Fähigkeit, scharfe Bilder zu liefern. Aber die Astronomen mußten sich auch fragen, ob sie nicht nur Galaxien im frühesten Stadium ihrer Bildung vor sich hatten, sondern vielleicht sogar noch dahinterblicken konnten, in eine Zeit *vor* der Bildung von Galaxien, *vor* der Bildung von Sternen. Und sollte das der Fall sein, mußten sie sich fragen, ob sie vielleicht bereits in verblüffender Nähe vor dem endgültigen Ziel standen, nach dem Astronomen seit der Erfindung des Fernrohrs immer gesucht hatten: dem Ende – oder besser gesagt, dem Anfang – des Universums.

Überall auf der Erde und im Weltraum wurden Teleskope neu ausgerichtet auf diesen anscheinend leeren Fleck in der Nähe der Deichsel des Großen Wagens, den hellsten Sternen im Sternbild des Großen Bären. Astronomen unterbrachen ihre Routinebeobachtungen, um an die Grenzen ihrer Technik und ihrer Phantasie vorzustoßen. Ein sicherlich wichtiger Anreiz war es dabei, festzustellen, wo sich die Objekte im HDF genau befanden und um was es sich dabei handelte. Zum anderen hatten sie aber den gleichen Grund wie das HDF-Team, das zehn wertvolle Arbeitstage investiert hatte, um ein Loch in die Tiefen des Alls zu bohren, den gleichen Grund, den alle Forscher während der letzten vier Jahrhunderte hatten, die ein Instrument in die Hand nahmen, das einen genaueren Blick in die Welt dort draußen versprach: die Neugier, einfach nachzusehen, was dort zu sehen war.

Teil I

Aufbruch

KAPITEL 1

NEUE WELTEN

Ein Bleirohr, zwei Linsen: Auf einmal war alles ganz einfach. Schon seit Jahren hätte jeder die passenden Linsen beim nächsten Brillenmacher kaufen können. Seit drei Jahrhunderten bereits nutzten die Menschen geschliffenes Glas für Lupen und Brillen. Und seit zwei Jahrtausenden war es allgemein bekannt, daß man störendes Licht abhalten und entfernte Objekte besser erkennen kann, wenn man durch eine Röhre blickt. In vielerlei Hinsicht schien die Erfindung des Fernrohrs in dieser Zeit voller Wunder also keine große Überraschung. Ganz anders jedoch die weitere Entwicklung dieses Instruments zum Teleskop – obwohl *ein* wesentlicher Faktor dafür, daß dieses hübsche Spielzeug zu einem wichtigen Forschungsinstrument für Mathematik und Philosophie avancierte, wahrscheinlich schon immer vorhanden war: die Neugier des Menschen auf seinen Schöpfer.

In der vierten Nacht nach dem Novemberneumond des Jahres 1609 richtete Galileo Galilei, ein Mathematikprofessor der Universität Padua in der Nähe von Venedig, das neue Instrument auf den Dächern der Stadt in den Himmel. Er hatte keinen Grund zur Annahme, der erste zu sein, der so etwas tat. Schon seit über einem Jahr kursierten Fernrohre verschiedener Ausführung in Europa. Auch für ihn selbst war es nicht das erste Mal: Er sah den Mond, den gleichen Mond wie immer, nur noch größer. Und doch kehrte er auch an jenem Abend wie schon so oft zu diesem Anblick zurück, denn der vergrößerte Mond barg Überraschungen – er sah tatsächlich anders aus, als es vom Anbeginn der Zeiten geschienen hatte.

Zum Beispiel die Trennungslinie zwischen dem hellen und dem dunklen Bereich bei Halbmond: Das war gar nicht der sanft geschwungene, perfekte Bogen, der die Mondsichel zu begrenzen schien, sondern erwies sich vielmehr als uneben, zerrissen und zerklüftet – als ob die Oberfläche des Mondes voller Erhebungen und Vertiefungen wäre.

Der dunkle Abschnitt des Mondes war ebensowenig perfekt, denn inmitten des Dunkels entdeckte Galilei leuchtende Flecke. Über zwei Stunden, bis der Mond aus seinem Sichtfeld verschwunden war, beobachtete er, wie sich die hellen Flecke allmählich in die Länge zogen und verbreiterten und am Ende Lichtkegel sich aus dem Dunkel erhoben, als wären es Berggipfel im Morgenlicht. Sein Atem beschlug die Linsen, und seine Hände begannen zu zittern, doch je länger er schaute, desto mehr konnte er entdecken. Er sah Gebirge, und er erkannte Täler und Ozeane.

Galilei war wahrscheinlich nicht der erste, der ein Fernrohr in den Himmel richtete, doch er hatte die letzten Monate damit verbracht, das Instrument zu verbessern und mit seinen Möglichkeiten vertraut zu werden, und dabei allmählich eine faszinierende neue Interpretation für das entwickelt, was er dort sah. Beim Betrachten derjenigen Gestirne, die ihre Position in bezug zu den anderen Sternen nicht veränderten – den Fixsternen –, fand er, daß sie vergrößert nicht anders aussahen als mit bloßem Auge. Die Himmelskörper jedoch, die sich am Firmament bewegten – die sogenannten Planeten, nach dem griechischen Wort für »Wanderer« –, veränderten sich. Sie waren jetzt nicht mehr die kleinen Lichtpunkte, als die sie immer schienen, sondern »Kugeln«, wie er bald darauf notierte, »perfekt rund und mit einer deutlichen Begrenzung, so wie kleine Monde«.

Planeten, die aussahen wie der Mond und wie die Erde: Was Galilei beobachtet hatte, konnte man nicht nur ohne Fernrohr nicht beobachten. So etwas konnte es schlichtweg gar nicht geben. Es war sogar kaum vorstellbar. Und doch war da plötzlich eine

Kette logischer Gedanken, die, wenn schon nicht zu einer unausweichlichen Schlußfolgerung, dann doch zu einer unvermeidlichen Frage führten: Waren diese Planeten letztlich etwa andere Erden? Oder noch genauer, war vielleicht sogar die Erde auch nichts anderes als ein Planet – nur ein weiterer Wanderer unter all den anderen im All?

In vielerlei Hinsicht verletzten diese Überlegungen den gesunden Menschenverstand. Schließlich gehörte alles Irdische zur Erde und der Rest zum Weltall, und etwas anderes zu behaupten hieße den durch die Sinne gelieferten Tatsachen, dem »Zeugnis der Sinne«, und der Weisheit der Altvorderen Hohn zu sprechen. Für die größten Philosophen aller Zeiten bildete die Unterscheidung zwischen Himmel und Erde die Grundlage ihrer Gedankengebäude, und auf die gleiche Basis gründete sich die gesamte Kultur: die Astronomie ohnehin, doch ebenso Philosophie, Religion und Physik, das Verständnis des Zusammenhangs zwischen Himmel und Erde wie das zwischen Gott und den Menschen. Mindestens ebenso stark widersprachen derartige Schlußfolgerungen den alltäglichen Sinneswahrnehmungen. Läßt man einen Stein fallen, dann landet er nicht einige Meilen entfernt oder auch nur ein paar Schritte, sondern er fällt einem geradewegs auf die Füße. Man mußte nicht Aristoteles sein, um die Vorstellung einer sich drehenden, dahinrasenden Erde als absurd zu empfinden.

In anderer Hinsicht dagegen ergab das, was Galilei sah, einen zwingenden und möglicherweise sogar perfekten Sinn. Im Laufe der beiden vorhergehenden Jahrhunderte waren zahllose Entdeckungen gemacht worden, die den Glauben an die Weisheit der Antike und ihrer alten Denker erschüttert hatten, Länder, von denen niemand etwas wußte, Völker, an deren Erlösung die Bibel nicht gedacht hatte. Durch diese Entdeckungen hatte sich bereits das Weltbild zu wandeln begonnen, und mit dieser veränderten Wahrnehmung zugleich der Begriff vom »gesunden Menschenverstand«. War es der Alten Welt gelungen, neue Länder und ihre Geheimnisse zu integrieren – Elfenbein und Tabak, Afrikaner und Indios –, warum sollte das nicht auch mit neuen Welten im All möglich sein, warum sollte es nicht, über *die* eine Neue Welt hinaus, viele neue Welten geben?

Exakt zweihundert Jahre, bevor Galilei sein Fernrohr gen Himmel richtete, erlebte die Welt – also der Teil der Erde, wo ein Gelehrter glauben mochte, er lebe in Florenz oder Konstantinopel nahe ihrem Mittelpunkt – unschuldig ihr letztes Jahr der Isolation. Nach den gängigen Karten dieser Zeit war das Weltbild von 1409 ausnehmend schlicht. Zeichnen Sie einfach ein großes O und darin ein *T*. Orientiert ist dieses Schema, eine sogenannte Radkarte, nach Osten, zum Orient hin, wie es schon das Wort »Orientierung« selbst andeutet. Im oberen Teil, oberhalb des Querbalkens des T, liegt Asien, unten, links des vertikalen Balkens, Europa, und rechts davon Afrika. Das war einfach und ausreichend. Mit nur wenigen nennenswerten Ausnahmen – etwa Marco Polo – wurde nicht in ferne Länder gereist. Warum auch? Erstens gab es ja sonst keine Länder, wohin man hätte reisen können. Man nahm an, daß, wenn weitere Teile der Welt tatsächlich bewohnbar wären, diese bereits früher von Menschen besiedelt worden wären. So war es etwa durchaus möglich, daß sich zum Beispiel Afrika jenseits der Ufer des Mittelmeers – das in dem Schema durch den senkrechten Balken des T symbolisiert wurde – noch weiter nach Süden ausdehnte, doch wenn man sich in diese Regionen vorwagte, wo die Sonne senkrecht stand, riskierte man, daß Holz und Kleidung Feuer fingen und man mit Haut und Haar verbrannte. Und wie um die Warnung vor solchen Weltgegenden noch zu betonen, umgaben die Kartographen ihre zugegebenermaßen und verständlicherweise unvollständigen Kontinente traditionell mit einem Ring aus Ozeanen, dem O unserer Graphik, einer unüberwindlichen Wassermasse, die die Welt jenseits der bekannten Grenzen umgab, dem Welt-Ozean.

Zweitens, selbst wenn es solche bewohnbaren Orte gegeben *hätte*, wäre es nicht sehr sinnvoll erschienen, dorthin zu reisen. Das Ziel irdischen Strebens – darin stimmten Gelehrte und Klerus überein, und zwar schon seit Jahrhunderten – sollte es keineswegs sein, eine so vergängliche, instabile und letztlich so wenig lohnende Welt wie die hienieden zu erforschen, sondern vielmehr, sich auf die nächste, bessere Welt des Jenseits vorzubereiten. Zu diesem Zweck lieferten die Kartographen auch gar nicht erst Details über Größen und Entfernungen, sondern vielmehr Kunst zur weltlichen und geistlichen Erbauung des Betrachters – Darstellungen der Position des Menschen in der Welt ebenso wie Bilder zum Lobpreis Gottes, von Szenen des Jüngsten Gerichts in den Ecken der Karte bis zur selbstverständlichen Hervorhebung der Stadt Jerusalem dort, wo sich die beiden Schenkel des T berührten, im Zentrum der Karte, der Hauptstadt der Christenheit, dem Mittelpunkt des Universums.

Im Jahr darauf wurde alles anders. 1410 veröffentlichte ein Florentiner Gelehrter die Übersetzung eines griechischen Textes, den er in Konstantinopel gefunden hatte. Es handelte sich um die *Geographia* von Claudius Ptolemäus, einem Astronomen und Kartographen aus dem 2. Jahrhundert n. Chr. Die Zeichnungen, die ursprünglich zu dem Text gehörten, waren verloren, doch die Kartographen des frühen 15. Jahrhunderts konnten sie aufgrund der Beschreibungen rekonstruieren. Während ihr eigenes Wissen über Asien am Ganges endete, beschrieb Ptolemäus einen Kontinent, der sich mindestens 15 Längengrade über Indien hinaus erstreckte und zahlreiche Inseln umfaßte. Und während ihr eigenes Bild von Afrika kurz hinter der Küstenlinie des Mittelmeers endete, reichte das Afrika des Ptolemäus mindestens 15 Breitengrade über den Äquator hinaus, tief hinein in jene Glutzone, wo, wie es die Mathematiker errechnet hatten, die Sonne senkrecht stand und sich daher auch kein Mensch je würde aufhalten können. Die Phantasie der Philosophen und Seefahrer, der Händler und Geographen, die sich auf den Straßen der europäischen Hafenstädte trafen und jede neue Entdeckung diskutierten, wurde noch dadurch weiter beflügelt, daß die Aussagen von Ptolemäus über den Welt-Ozean nicht einmal völlig unrealistisch klangen. Allerdings auch nicht besonders verheißungsvoll – Ptolemäus behandelte den Welt-Ozean einfach so, als ob er tatsächlich existierte, wie jede andere Wasserstraße, und als weiteren möglichen Seeweg zur Erleichterung des Handels.

Die Portugiesen nutzten die neuen Erkenntnisse als erste und schlugen erheblich Kapital daraus. Gefördert von Heinrich dem Seefahrer erreichten portugiesische Schiffe 1416 die Kanaren, 1420 Madeira und zehn Jahre später die Azoren. Bereits 1434 hatten portugiesische Schiffe Cap Bojador passiert, den im Mittelalter als Ende der Welt gefürchteten westlichsten Punkt des Riesenkontinents, 1473 den Äquator und schließlich 1488 die Südspitze Afrikas, hinter der sich der Indische Ozean erstreckte und damit endlich die Hoffnung, noch weiter nach Osten fahren zu können – ein Traum, den Vasco da Gama 1498 erfüllte, indem er Indien erreichte. Damit schloß er die Suche nach einem Seeweg zwischen dem Westen und dem Osten ab, der den größten Teil des 15. Jahrhunderts beansprucht hatte.

Aber die Welt hatte sich nicht nur in diese Richtung erweitert. Während die Portugiesen nach einer Südroute entlang des Welt-Ozeans suchten, irgendwo hinter den endlosen Küsten Afrikas, fragten sich einige andere Seefahrer, ob es einen direkteren Weg zu den Gewürzinseln des Ostens geben könnte. Schließlich war die Erde ja rund. Diese Tatsache war zwar nicht unmittelbar erfaßbar und erforderte eine gewisse Willensanstrengung, aber sie war immerhin im Bewußtsein vieler Gelehrter deutlich präsent, und zwar schon seit der Antike. Bereits 1800 Jahre zuvor hatte Aristoteles in seinem Buch *De caelo* (»Über den Himmel«) festgehalten, daß sich die wahre Form der Erde im Schatten der Mondfinsternis abzeichnet und den Himmelssphären einbeschrieben ist durch die neuen Sternbilder, die Reisende an den Enden der Welt erblickten und darüber hinaus. »Aus diesem Grund«, schrieb Aristoteles, »scheinen diejenigen, die glauben, daß die Region der Säulen des Herkules (die Straße von Gibraltar) den Regionen Indiens benachbart liegt und daß es in diesem Sinn nur *einen* Ozean gibt, nichts Unglaubwürdiges zu vermuten«.

Demnach waren also offenbar alle Ozeane schiffbar, und die Erde war rund. Doch reichte dies bereits als Begründung für einen Seefahrer, sich nun zum Beispiel von Spanien aus nach Westen aufzumachen? Wieder lieferte die Übersetzung eines alten Manuskripts weitere Argumente. Strabo, ein Geograph aus der Zeit um Christi Geburt, dessen Arbeiten um die Mitte des 15. Jahrhunderts erstmals in Latein erschienen, führte die Hypothesen von Aristoteles zur logischen Schlußfolgerung: »Die bewohnbare Welt bildet einen Kreis oder Ring, wobei [das westliche und das östliche Ende der Welt] einander treffen, so daß es möglich wäre, auf dem gleichen Breitengrad von der Iberischen Halbinsel bis nach Indien zu fahren, falls die immense Ausdehnung des Atlantiks uns nicht daran hindert.«

Im Norden lag also Europa, im Süden Afrika und im Osten Asien. Auch im Westen würde man demnach irgendwann wieder auf Asien stoßen. In welcher Entfernung jedoch, das war eine vollkommen andere Frage, und gerade Kolumbus verrechnete sich spektakulär. Bei der Zusammenstellung seiner Argumente für eine Reise nach Westen unterschätzte er mehr als einmal den Umfang der Erde und überschätzte in gleichem Maße die Ausdehnung Asiens – und zwar so gewaltig, daß ein Schiff auf der Fahrt von Spanien westwärts gemäß seinen optimistischen Berechnungen genau dort auf Land stoßen mußte, wo er selbst es schließlich tatsächlich tat. Aus diesem Grund nahm Kolumbus dann auch an, er habe eine der Inseln erreicht, die bereits Ptolemäus zu den entfernteren Bereichen von Kathay (der alten Bezeichnung für das nördliche China) gezählt hatte.

Während weitere Berechnungen und nachfolgende Reisen ergaben, daß Kolumbus doch nicht Kathay erreicht hatte, blieb die Frage, *wo* er tatsächlich gelandet war, weiter offen. Selbst die erste Weltumsegelung, die die Überlebenden von Magellans Expedition 1522 vollendeten, bestätigte lediglich die riesige Ausdehnung der von Kolumbus entdeckten Landmassen, konnte jedoch nichts Näheres darüber aussagen. Einige vermuteten, die neuen Gebiete bildeten eine Erweiterung Asiens – eine ganz beträchtliche Erweiterung, gewiß, und einen unleugbaren Fortschritt im Vergleich zum bisherigen geographischen Wissen, aber dennoch keine grundlegende Infragestellung der traditionellen Vorstellungen einer Welt aus drei Kontinenten. Andere dagegen forderten, die Landmassen als neuen Kontinent anzuerkennen, einen weiteren neben Asien, Afrika und Europa, eine ganz neue Welt. Doch was immer aus dieser Neuen Welt werden sollte, keiner konnte in Frage stellen, daß sie *neu* war, und dies allein reichte bereits aus, um etwas Besonderes aus ihr zu machen. »Neue Inseln, neue Länder, neue Meere, neue Völker«, schrieb der Portugiese Pedro Nunes (Nonius) 1537 in seinem Buch *Tratado da sphera* (»Abhandlung über die Weltkugel«), »und dazu noch: neue Himmel, neue Sterne«.

Bereits der Begriff des »Neuen« war an sich etwas Neues. Das lateinische Wort für »Neuheit« *(novitas)* ist verwandt mit dem Verb *innovare* – also »*erneuern*«. So wurden zum Beispiel alte Manuskripte durch ihre Wiederentdeckung »neu«. Gegen Ende des 15. Jahrhunderts schlich sich das Wort erstmals in die Umgangssprache ein und wurde während des gesamten 16. Jahrhunderts dafür gebraucht, um Dinge zu bezeichnen, die »neu« waren: Innovationen, Novellen, Novitäten. Über tausend Jahre lang, seit dem Fall von Rom und dem Brand der Bibliothek von Alexandria, hatten sich die Völker des Mittelmeers vom Wissen und von sich selbst zurückgezogen. Nun endlich nahmen die Gelehrten wieder das Recht von nachfolgenden Generationen in

Anspruch, selbst Geschichte zu schreiben, bewerteten die vergangenen tausend Jahre neu und bezeichneten sie als »Mittelalter«. Damit distanzierten sie sich selbst von ihren unmittelbaren Vorgängern und formulierten zugleich eine gewisse Nähe und Seelenverwandtschaft zwischen dem »Anfang« (dem Goldenen Zeitalter, dem antiken Griechenland) und dem »Ende« der Geschichte (der Gegenwart).

Für einen Gelehrten des 15. Jahrhunderts gab es keine edlere Berufung, kein höheres Streben, als nach Konstantinopel zu reisen, ein altes Manuskript ans Tageslicht zu bringen (auf dessen Inhalt es dabei kaum ankam) und zu übersetzen. In jener Zeit erblickte eine große Zahl solcher Werke – Aristoteles, Platon, Eratosthenes, Ptolemäus – erneut das Licht der Welt, in neuen Übersetzungen, und stets schien die Botschaft die gleiche zu sein: Alles war bereits dagewesen, und immer war es früher besser. Das war vollkommen logisch: Diese antiken Autoren waren die größten Gelehrten, die jemals lebten, und weil die Geschichte des Wissens ja abgeschlossen war, waren sie eben einfach früher darauf gekommen. Doch diese Erkenntnis erlegte den nachfolgenden Generationen auch eine klare Verpflichtung auf, nämlich die Verantwortung, die Vergangenheit wiederzuentdecken und das alte Wissen aufzugreifen.

Und das taten sie. Eine ganz neue Richtung entwickelte sich unter Künstlern, die den Kult des Neuen feierten und ein dankbares Publikum fanden, das sich dafür ebenso begeistern ließ. *Nova reperta* wurden diese Kunstwerke genannt: »Neue Entdeckungen«. Manchmal stellten sie zeitgenössische Wunderwerke dar, manchmal Wunder vergangener Zeiten: aus der Antike die Wassermühle, das Astrolabium, Olivenöl, die Gewinnung von Zucker und Seide. Aus dem Mittelalter die Windmühle, der Magnet, Schießpulver, Steigbügel, die Brille, die Destillation von Alkohol. Aus der modernen Zeit den Buchdruck, Expeditionen, Ölfarben, sogar die Technik des Kupferstichs, die für die Darstellung vieler dieser *Nova reperta* selbst verwendet wurde. Was damit gesagt werden sollte, war klar: Die Leistungen der Gegenwart konnten mit allem aus der Vergangenheit durchaus mithalten.

Sogar mehr als das: Das Wissen, daß die Erde rund ist, hatte als solches die Vorfahren noch nirgends hingebracht. Was die modernen Entdecker zu neuen Kontinenten gebracht hatte, war ihre Fähigkeit, eine ebene Fläche zu nehmen, auf der sich drei Kontinente innerhalb eines Kreises drängten, und sich vorzustellen, daß sich der Westen nach hinten biegt, einen Bogen beschreibt und schließlich auf den Osten trifft. Schließlich führte die hohe Meinung, die die modernen Menschen dieses 15. Jahrhunderts von sich und ihren eigenen Leistungen hatten, sogar zu einer noch kühneren Vorstellung: daß sie nicht nur anders als die Alten waren, nicht nur einfach neu, sondern in gewisser Hinsicht auch *besser*.

»Unsere heutige Zeit«, schrieb der französische Gelehrte und Hofphysiker Jean Fernel im 16. Jahrhundert und faßte damit die Einstellung seiner Kollegen zusammen, »vollbringt Dinge, von denen die Antike noch nicht einmal träumte«. 1539 verkündete ein Philosoph aus Padua: »Glaubt nicht, es existiere heute oder jemals in der Vergangenheit etwas Ruhmreicheres als die Erfindung des Buchdrucks und die Entdeckung der Neuen Welt, zwei Dinge, die ich immer nicht nur mit der Antike vergleichbar gehalten habe, sondern gar mit der Unsterblichkeit.«

Der Schriftsteller Francisco López de Gómara war in seiner *Historia general de las Indias y conquista de México* noch überschwenglicher in seiner Einschätzung dessen, was überdauern würde: »Das größte Ereignis seit der Erschaffung der Welt (mit Ausnahme der Menschwerdung und des Todes des Herrn) war die Entdeckung Amerikas.« Und der französische Philosoph und Staatstheoretiker Jean Bodin schrieb in einer Bewertung seiner Zeit, die einen Aufruf an seine Zeitgenossen darstellte: »Das Zeitalter, das sie das Goldene nennen, war im Vergleich zu unserem nur aus Eisen.«

Es stellte sich auch heraus, daß die Alten nicht immer recht gehabt hatten. Ein portugiesischer Kapitän schrieb: »Mit allem gebotenen Respekt vor dem berühmten Ptolemäus, doch wir fanden bei allem das Gegenteil dessen, was er geschrieben hatte.« Ptolemäus mochte in groben Zügen recht gehabt haben, aber er irrte sich in vielen Einzelheiten – zum Beispiel indem er an der alten Tradition festhielt, anschließend an die Südspitze Afrikas eine geheimnisvolle *Terra incognita* anzunehmen, die, gäbe es sie wirklich, den Seeweg nach Osten versperrt hätte.

Weiterhin stellte sich heraus, daß persönliche Beobachtungen von größerem Wert sein konnten als das Wort einer antiken Autorität. Fernández de Oviedo bemerkte zu seinen Schriften über die Neue Welt: »Was ich berichtet habe, lernt man nicht in Salamanca, Bologna oder Paris.« Es war eine Sache für Sokrates zu spekulieren: »Ich glaube, die Erde ist sehr groß, und wir leben zwischen den Säulen des Herkules und dem Fluß Phasis [im Kaukasus] in einem kleinen Bereich in der Nähe des Meeres wie Ameisen oder Frösche an verschiedenen Stellen eines Tümpels, und in vielen anderen ähnlichen Regionen leben viele andere Menschen.« Es war dagegen etwas ganz anderes – und man konnte darüber streiten, ob nicht sogar etwas Besseres –, diese Menschen zu entdecken und diese Gegenden zu erforschen. *Ne plus ultra* – »Bis hierher und nicht weiter!« lautete die Inschrift der mythischen Säulen des Herkules, die den antiken Endpunkt der Seefahrt und des Wissens markierten. Jetzt verkündete das Zeitalter der Entdeckungen: *Plus ultra* – »Weiter voran!«

So bemerkenswert all diese Entdeckungen und Erfindungen waren, mindestens ebenso bemerkenswert war eine geistige Errungenschaft, die damit einhergehen mußte – eine neu erworbene Fähigkeit, die Leistungen selbst zu bewerten, sie nicht nur als »anders« oder »neu« zu betrachten, sondern als Teil eines historischen Prozesses: ihnen eine Perspektive zu geben.

Die Perspektive (vom lateinischen *perspicere*, durchblicken), insbesondere die neuentwickelte Zentralperspektive in der Malerei, war zwar *eine* Errungenschaft unter vielen in diesem Zeitalter der Neuerungen, aber in vielerlei Hinsicht eine entscheidende. Für all die neuen Dinge, die es ständig zu bestaunen gab, hatten die Künstler der *Nuova Arte* auch eine neue Art des Sehens geschaffen. Sie hatten die Gesetze der Geometrie auf eine zweidimensionale Oberfläche angewandt und einen Weg gefunden, die Personen und Gegenstände der dreidimensionalen Welt lebensecht abzubilden. Unter ihren Händen verschwand der geheiligte Goldgrund der Vergangenheit – jener goldene (oder schwarze) Hintergrund, vor dem die Heiligen und der Erlöser bisher wie vor einem Vorhang ihre symbolschweren Dramen aufgeführt hatten. Jetzt dagegen erschienen die Details des Alltagslebens, wurde der Blick frei bis zur Unendlichkeit. Jetzt sah man Wände, Mauern, Türen, Tore, Fenster und auch alles jenseits davon: Menschen und Tiere im Freien, und gar den offenen Himmel. Diese Augentäuschungen, die Filippo Brunelleschi und seine Schüler erschufen, waren derart unerhört, daß »der Betrachter gar den Eindruck hatte, er sehe die Szene tatsächlich«, wie ein schockierter Beobachter berichtete. Doch bereits mindestens ebenso kühn wie dieser künstlerische Durchbruch, der sich da in den Straßen von Florenz abspielte, war schon die zu seiner Realisierung notwendige Erkenntnis, daß es überhaupt einen Hintergrund, einen Vorhang *gab*, den es niederzureißen galt.

Dieser allgegenwärtige Vorhang des Alten und sein Einfluß auf die Wahrnehmung in der Vergangenheit wurde erst im nachhinein richtig bewußt, als er plötzlich fehlte. Erst dann enthüllte er seine Geheimnisse: wie er eine unerschütterliche, nicht hinterfragte Annahme dargestellt hatte; wie seine einheitliche goldene oder schwarze Erscheinung die Selbstbezogenheit der alten Kunst widerspiegelte – Heilige mit einer bestimmten Größe, Maria mit einer anderen, Jesus mit einer dritten, alle angeordnet in einer strengen Hierarchie, die einzig gottgegeben schien. Doch jetzt war er weg, der neue Maßstab war der des menschlichen Auges –, und sichtbar wurde eine neue Welt.

Diesen Übergang erleichterte eine Erfindung vielleicht mehr als alle anderen. Was die Künstler gefordert hatten, war nichts weniger als eine neue Sicht auf die Welt, und eben diese lieferte für viele – die Brille. Die Brille war ein Hilfsmittel, hatte aber durchaus auch schon metaphorische Bedeutung, sie war etwas zum Halten und etwas, worauf man sich verlassen konnte. Die Brille war zwar schon gut 150 Jahre vor der *Nuova Arte* aufgekommen, aber sie diente doch bald als gemeinsames Symbol dafür, was die künstlerische Perspektive zu vollbringen vermochte. Ein Instrument, mit dessen Hilfe man die vertraute Umgebung wieder scharf sehen konnte, stellte ein wichtiges Beispiel aus dem Alltag dafür dar, was es konkret bedeuten konnte, die Welt »neu zu sehen«.

Nach der Einteilung der neuen Erfindungen im Schema der *Nova reperta* hätte die Brille noch ins Mittelalter gehört. Tatsächlich gingen Kenntnisse über die vergrößernden Eigenschaften von Edelsteinen wahrscheinlich bis in die Antike zurück, doch die gezielte Verwendung von Glas zur Korrektur von Fehlsichtigkeit kam erst in der Mitte des 13. Jahrhunderts auf. Insbesondere diese ersten Lupen – dicke Scheiben von Glaskugeln, die man direkt auf den zu lesenden Text legte – kamen der Altersweitsichtigkeit entgegen. Die Gläser der ersten Brillen waren bikonvex – also nach beiden Seiten gewölbt – und sahen aus wie Hülsenfrüchte: Linsen. Bikonvexe Linsen ließen einen nahe Gegenstände wieder scharf sehen, und im Prinzip konnte jeder Mensch mit Altersweitsichtigkeit zum nächsten Brillenmacher gehen und fand dort Linsen von ungefähr passender Stärke – einer Brennweite von ca. 30 bis 50 cm, also 0,3 bis 0,5 Dioptrien.

Nicht so bei Kurzsichtigkeit: Für dieses Problem waren konkave Linsen notwendig – also Linsen, die beiderseits nach innen gewölbt sind –, doch nicht irgendwelche. Im Gegensatz zu Brillen für Weitsichtige reichte hier eine kleine Auswahl von Linsen nicht aus, sondern die Gläser mußten der Sehschwäche individuell angepaßt werden.

Ein Brillenmacher mußte also genügend schwache konvexe und ausreichend starke konkave Linsen vorrätig haben, und um den Anfang des 17. Jahrhunderts war dies auch meist der Fall. Früher oder später mußte jetzt nur noch jemand auf den Gedanken kommen, einmal eine konvexe und eine konkave Linse hintereinanderzuhalten, auf ein entferntes Objekt zu richten und festzustellen, daß das Objekt plötzlich zum Greifen nahe war. Im Jahr 1608 war es soweit.

Am Ende jenen Jahres tauchten plötzlich überall Fernrohre auf, und zwar gleichzeitig. Auf der Frankfurter Herbstmesse 1608 wurde von einem unbekannten Verkäufer ein Exemplar vorgestellt, das jedoch beschädigt und offenbar maßlos überteuert war. Am 2. Oktober beantragte der Brillenmacher Hans Lipperhey aus Middelburg in der flämischen Provinz Seeland vor den Generalständen in Den Haag ein Patent für »ein gewisses Instrument, um in die Ferne zu sehen«. Innerhalb der nächsten beiden Wochen lagen zwei ähnliche Anträge vor: Jacob Adriaenszoon (auch bekannt als Jacob Metius) aus Alkmaar, einer Stadt in der Provinz Holland, erklärte, er arbeite seit zwei Jahren daran, die vergrößernden Eigenschaften von Linsen zu verstehen, und habe ein Gerät so weit verbessert, »daß er ebensoweit entfernte Dinge ebenso klar erkennen könne, wie dies den ehrenwerten Herren kürzlich von einem Bürger und Brillenmacher aus Middelburg demonstriert worden« sei; und Zacharias Janssen, ein weiterer Brillenmacher aus Middelburg, »der behauptet, daß er sich auf diese Kunst ebenfalls versteht, und dieses mit einem ähnlichen Instrument demonstriert hat«. Allein schon diese rivalisierenden Ansprüche überzeugten die Generalstände, daß diese Erfindung keines Patentes würdig sei. Einer der Berater formulierte, daß »diese Kunst auf keinen Fall geheimzuhalten sei, denn es ist damit

zu rechnen, daß versucht werden wird, sie zu kopieren, insbesondere nachdem die Maße des Rohres bekannt sind, woraus die
Kunst des Gebrauchs der Linsen mehr oder weniger abgeleitet
werden kann«.

Im nachhinein erschien die Technik einfach. Es handelte sich
um eine einzige Linsenkombination unter allen Möglichkeiten,
und zwar um eine relativ ungewöhnliche. Verständlicherweise
gab es einige Entscheidungen zu treffen: Es galt auszuwählen
unter verschiedenen Sammel- oder Konvex- und Zerstreuungs-
oder Konkavlinsen unterschiedlicher Stärke; zu bestimmen, welche man nahe des Auges plaziert und welche entfernt davon, ja
sogar erst einmal die Zahl der Linsen selbst. Die Version, die
schließlich in Europa kursierte, bestand aus einer schwachen
Konvexlinse auf der Seite der Röhre, die auf das Objekt gerichtet
wurde (also dem Objektiv) und einer starken Konkavlinse am
anderen Ende, am Auge (lat. *oculum* – daher die Bezeichnung
Okular). Mit anderen Worten wurde also eine *schwache* Ver-
größerungslinse mit einer Linse kombiniert, die tatsächlich die
Bilder sogar *verkleinert*. Diese beiden Linsen, in dieser Kombination angeordnet – so funktionierte es, irgendwie. Und sobald
diese Reihenfolge einmal gefunden war, konnte man das Ganze
leicht kopieren. Die neue Erfindung gehörte zugleich niemandem
und allen gemeinsam.

Die Konstruktion verbreitete sich rasch. Bereits im folgenden
Frühjahr hatte das Fernrohr Paris und London erreicht, Mailand
im Mai und Venedig und Neapel im August. Die *Kunde* von diesem Instrument verbreitete sich noch rascher. Im November 1608
hörte ein venezianischer Theologe namens Paolo Sarpi zum
erstenmal von einer Vorrichtung, mit der man Dinge in der Ferne
so sehen könne, als wären sie ganz nahe. Gerüchte über wundersame Gerätschaften waren nichts Ungewöhnliches und nur allzu
oft nicht ernst zu nehmen, doch dieses hielt sich hartnäckig, und
im folgenden März schrieb Sarpi an Jacques Badovère, einen

Freund in Paris, um herauszufinden, ob an diesem Gerücht aus der Ferne etwas dran sei. Dennoch sollte es noch einige Monate länger dauern, bis er das Gehörte einem engen Freund anvertraute, der ihn in Venedig besuchte, ein Mathematikprofessor der Universität Padua, Galileo Galilei.

Galilei mußte unbedingt herausfinden, ob das Gerücht tatsächlich stimmte. Nach den Informationen Badovères zu schließen, tat es dies, und Galileo war selbst »ergriffen von dem Verlangen nach dem schönen Ding«.

Vermutlich war er ebenfalls gepackt von dem Verlangen, seine eigene Lebenssituation zu verbessern. Mathematikprofessor, der er war, kannte er sich etwas in Optik aus. Als Erfinder und Hersteller eines Navigationsinstruments, dem Proportionenzirkel, war er aber in der Mechanik noch viel besser bewandert. Hier gab es nun also ein Instrument, das ihm möglicherweise verraten würde, wie er es selbst bauen, sehr wahrscheinlich noch verbessern und sich damit eine Belohnung des Senats von Venedig sichern könnte – aber nur, wenn er seinen Anspruch vor irgendeinem Konkurrenten geltend machte. Tatsächlich hatte Sarpi das Fernrohr nur erwähnt, weil er gehört hatte, ein Fernrohrhändler sei gerade in Padua und auf dem Weg nach Venedig.

Galilei kehrte umgehend zu seiner Werkstatt nach Padua zurück und bat Sarpi, dem Senat von Venedig zu empfehlen, keine Konkurrenzangebote anzunehmen, bis er, Galilei, mit seiner eigenen Entwicklung wieder in Venedig sei. Am Monatsende war er soweit. Mehrere Tage lang führte er die Ratsherren von Venedig auf die Dächer der Stadt, um sie selbst die Segel der Schiffe sehen zu lassen, viele Meilen und mehrere Stunden jenseits der Reichweite des bloßen Auges, und als Lohn erhielt er einen neuen Vertrag an der Universität und höheren Lohn auf Lebenszeit.

Galilei nahm selbst niemals in Anspruch, der »Erste Erfinder« dieses Instruments zu sein, der damals gebräuchliche Ausdruck für denjenigen, der ein neues Gerät zum erstenmal konstruiert.

Dagegen bezeichnete er sich einfach als »Erfinder«, als jemanden, der ein bereits existierendes Instrument nachbaut. Bei seinem Gerät handelte es sich jedoch keineswegs um eine einfache Kopie. Vielmehr erfand er das Fernrohr für sich selbst neu. In seiner Werkstatt in Padua testete er verschiedene Linsenkombinationen, bis eine davon funktionierte: eine plan-konvexe Linse (auf einer Seite plan, die andere Seite konvex) am einen Ende als Objektiv, eine plan-konkave am anderen als Okular.

Aber damit ließ er es nicht bewenden, sondern verbesserte die Konstruktion weiter. Zunächst nutzte er seine Kenntnisse der Optik, um die mathematischen Grundlagen der Vergrößerungskraft des Geräts herauszufinden: das Verhältnis der Brennweiten. Ein Fernrohr mit einer Objektivlinse, die Bilder zu einem Brennpunkt 40 cm entfernt bringt, und einer Okularlinse mit einer Brennweite von 10 cm vergrößert vierfach, nämlich 40 geteilt durch 10. Nachdem er diese Formel gefunden hatte, dürfte es für jemanden mit seiner technischen Erfahrung relativ einfach gewesen sein, neue Linsen zu schleifen, um aus dieser mathematischen Beziehung den größtmöglichen Nutzen zu ziehen.

Das Instrument, das er dem Dogen präsentierte, holte Objekte acht oder neun Mal näher heran und vergrößerte sie mehr als 60fach – eine gewaltige Verbesserung gegenüber konkurrierenden Modellen, die die Objekte nur dreimal so nahe und neunmal größer scheinen ließen. In seinen späteren Berichten über die Einführung des Fernrohrs erkannte er die Leistungen anderer an – »es kam uns zu Ohren, daß ein Fernrohr von einem gewissen Holländer hergestellt worden war« –, aber machte einen Unterschied. Der Erste Erfinder hatte möglicherweise durch »zufälliges Hantieren mit unterschiedlichen Linsen« Erfolg gehabt – also durch Glück. Er, Galilei, dagegen »machte die gleiche Erfindung durch logische Schlußfolgerungen«. Seine »Schlußfolgerungen« waren zwar in Wahrheit nicht sehr weit von der Methode »Versuch und Irrtum« entfernt, aber dennoch: Es gelang ihm nicht nur, ein Gerät nachzubauen, das bereits existierte, sondern er begann auch noch, es bedeutend zu verbessern, und das war seiner Ansicht nach Grund genug, ihn zu belohnen. (Und zwar großzügig. Als Galilei befand, daß eine Lohnerhöhung und eine Professur in Venedig nicht genug waren, schloß er kurzerhand einen besseren Vertrag mit dem Hof seiner Heimatstadt Florenz ab.)

Was jedoch Galileis erste Präsentation des Instruments wirklich auszeichnete, war, daß er dessen wirkliches Potential erkannte – nicht einfach, daß ein Vergrößerungsgerät geeignet war, den Himmel zu erforschen, sondern daß sein unscheinbares Gerät zur Erfüllung einer uralten Verheißung beitragen konnte, die auch zu den Träumen der *Nova reperta* gehörte. Seit Jahrhunderten hatten Gerüchte jeden Fortschritt im Wissen um die wunderbaren Eigenschaften von Glas im allgemeinen und Linsen im besonderen begleitet. Einige Berichte angesehener Autoren munkelten sogar von Instrumenten, die volle tausend Mal vergrößerten. Roger Bacon hatte in seinem *Opus majus* von 1267 über die »Wunder des gebrochenen Lichts« geschrieben, daß »wir die kleinsten Buchstaben lesen und Sandkörner zählen könnten – abhängig von dem Winkel, unter dem wir sie betrachten«. In den 1570er Jahren schrieb Thomas Digges, sein Vater, Leonard Digges, habe »durch proportionale Gläser, die in angemessenen Winkeln angeordnet waren, nicht nur weit entfernte Dinge entdeckt, Briefe und die Inschrift von Münzen gelesen, die von seinen Freunden in großer Entfernung gezeigt worden waren, sondern er konnte auch berichten, was an sieben Meilen entfernten, vertraulichen Orten zu diesem Zeitpunkt geschah«. Und William Bourne schrieb 1578 in *Inventions or Devices*: »Um ein kleines Objekt in großer Ferne zu erkennen, braucht man zwei Gläser, wovon eines besonders geschliffen sein muß. So mag es sich ereignen, daß man einen Buchstaben in einer viertel Meile Entfernung oder einen Mann in vier oder fünf Meilen Entfernung erkennen kann, oder einen Turm, eine Burg, ein Fenster oder ein ähnlich Ding in sechs oder sieben Meilen Distanz.«

Derartige Instrumente gab es allerdings damals noch nicht. So glaubhaft die Darstellung schien, handelte es sich hier (und in vielen ähnlichen Schriften) doch um Spekulationen und übertreibende Ausschmückungen. Manchmal phantasierten die Autoren darüber, was mit der richtigen Qualität und Kombination der Linsen wohl zu erreichen wäre. Manchmal wiederholten und steigerten sie bereits übertriebene Berichte über tatsächlich schon existierende Geräte. Meist jedoch verfielen sie dem natürlichen Zauber derer, die erforschen, wie die Natur die Sinne narren kann. Wie auf kaum einem anderen Feld wurde gerade im Bereich der Optik spürbar, daß man womöglich bald selbst Augenzeuge eines wahrhaftigen Wunders sein konnte und daß die Erfindung von Gläsern mit enormer Vergrößerungskraft in greifbarer Nähe war. Eine Linse hier, eine zweite da, und Hokuspokus! – entfernte Bilder zum Greifen nahe.

Jemand, der mit allzu großer Gewißheit auf dieses Wunder wartete, hätte es jedoch leicht verpassen können. Die Leistungen der ersten Fernrohre waren weit bescheidener, als die Propheten es vorhergesehen hatten. Giambattista Della Porta, einer der besten Physiker seiner Zeit und ein Experte für optische Vergrößerungen, schrieb in einem Brief am 28. August 1609 als Antwort auf eine Anfrage betreffend die Berichte von Galileis großem Erfolg vor den Stadtvätern von Venedig in der Woche zuvor: »Was das Wunder mit diesem Fernrohr betrifft, ich habe es selbst gesehen, und es war nichts als ein großer Schwindel.« Er fuhr fort mit einer Beschreibung der Anordnung der Linsen und lieferte sogar eine Zeichnung, die erste bekannte Illustration eines Fernrohrs. Doch das Gerät, so schrieb er weiter, ähnele einem Instrument, das er selbst 20 Jahre zuvor präsentiert habe – und das war tatsächlich der Fall, zumindest im Prinzip. In der Ausgabe von 1589 seines weit verbreiteten Werkes *Magia naturalis* hatte er die Eigenschaften des »Konkaven« und »Konvexen« zutreffend beschrieben, und es ist wahrscheinlich, daß er Vergrößerungsapparate konstruiert und sie möglicherweise Freunden zur Korrektur von Fehlsichtigkeit zur Verfügung gestellt hatte. Schließlich hatte er die ganze Sache jedoch als »lustiges Spielzeug« beiseite gelegt. Er hatte nicht erkannt, was eine bescheidene doppelte oder sechsfache Vergrößerung zu tun haben könnte mit den hundert- oder tausendfachen Vergrößerungen, die er und seine Zaubererkollegen erwarteten. Wie die Berge auf dem Mond kann das Instrument also sehr wohl auch schon existiert haben, bevor es irgend jemand gemerkt hätte, und selbst wenn nun ein Galilei daherkam und behauptete, hier endlich sei das Wunder, das Hunderte von Sehern prophezeit hätten, war eine gewisse Zurückhaltung verständlich und auch angebracht.

Auch Galilei selbst war es zunächst nicht vollkommen klar, *was* er hier in Händen hielt. In einem Brief, den er dem Instrument beilegte, das er dem Dogen schenken wollte, schrieb er:

Dies ist ein Ding von unschätzbarem Wert für alle Handelsvorgänge und Unternehmungen, ob zu Lande oder zu Wasser, das es uns erlaubt, Schiffsrümpfe und Segel des Feindes auf eine viel größere Entfernung als gewöhnlich zu entdecken, so daß wir ihn zwei Stunden oder noch früher erkennen können, bevor er uns entdeckt; die Zahl und Art seiner Schiffe unterscheiden und seine Kräfte einschätzen können, um uns auf Angriff, Verteidigung oder Flucht einzustellen; und ähnlich an Land, um in die Burgen, Quartiere und Verteidigungsanlagen des Feindes von einer Anhöhe aus zu blicken, selbst wenn sie weit entfernt sind, oder auch zu unserem großen Vorteil bei einem offenen Feldzug alle seine Bewegungen und Vorbereitungen zu sehen und in großer Genauigkeit zu unterscheiden. Darüber hinaus hat es viele andere Vorteile, die allen verständigen Personen klar offensichtlich sind.

Zu den Vorteilen, die *nicht* unmittelbar offensichtlich waren, gehörten die, die ein solches Instrument einem Mathematikprofessor und Sternenkundler – also einem Astronomen – bieten konnte. Selbst wenn die Beobachtung des Nachthimmels nicht der erste Verwendungszweck war, der einem in den Sinn kommen sollte, dürfte dies dennoch einen unwiderstehlichen Reiz für jemanden mit Galileis Neugier und Hartnäckigkeit dargestellt haben, und so begann er auch in den nächsten Monaten damit. Während eines Besuches in seiner Geburtsstadt Florenz in jenem Oktober zeigte er das Instrument einem seiner ehemaligen Schüler, Cosimo de' Medici, dem damaligen Großherzog der Toskana, und gemeinsam bewunderten sie die erdähnlichen Unregelmäßigkeiten der Oberfläche des Mondes. Im Spätsommer und Herbst 1609 schliff, polierte und bastelte er anderweitig mit Hilfe eines Assistenten in seiner Werkstatt, um die Einzelteile seines Instruments – ein Bleirohr und zwei Linsen – weiter zu verbessern, und Ende November hatte er ein Modell zur Hand, das 20fach vergrößerte. Mit diesem Fernrohr führte er dann seine ersten systematischen Beobachtungen durch, und in diesem Moment wurde aus dem Instrument mehr als nur ein Spielzeug oder ein Hilfsmittel für die Schiffahrt. Die Künstler jener Zeit hatten für nicht weniger als einen neuen Blick auf die Welt geworben, und hier war er – sogar noch mehr: ein neuer Blick auf das Universum.

Während der vergangenen zwei Jahrhunderte war Europa langsam erwacht wie aus einem langen Winterschlaf und so unschuldig wie Adam. Entdecker hatten in das Morgenlicht geblinzelt und sich dann aufgemacht, gierig nach Wissen und Erfahrung, bis sie den ganzen Globus verschlungen hatten. Jetzt konnte es nur noch nach oben gehen, hinauf zum Himmel.

Am 30. November 1609 trug Galilei sein *perspicillum* und andere Utensilien in den Garten hinter seinem Wohnhaus in Padua und begann mit der Beobachtung des Mondes. Bei seinen ersten

Beobachtungen des Nachthimmels einige Monate zuvor mochte er vielleicht schon schwere Zweifel an der Weisheit der Alten, insbesondere auf dem Gebiet der Astronomie, gehegt, aber keinen Grund zur Annahme gehabt haben, daß er beim Blick durch sein Rohr etwas finden werde, das seine vorhandenen Ansichten oder die jemandes anderen in irgendeiner Weise beeinflussen würde. Er hatte einfach seiner natürlichen Neugierde nachgegeben, und für jemanden mit Galileis professionellem Hintergrund und persönlicher Einstellung wäre es mit einem einzigen Blick auch getan gewesen. Doch nun hatte er sein neues Instrument in den Nachthimmel gerichtet – und er erkannte sofort, daß dort mehr zu sehen war, als man mit dem größten Optimismus erwarten konnte.

Kapitel 2

Das Auge Gottes

Das Jahr 1609 war für die Welt – zumindest jenen kleinen Teil des Universums, in dessen Mittelpunkt sich die Bewohner Europas, Asiens und Afrikas zu leben vorstellten – das letzte Jahr in unschuldiger Isolation. Nach den gängigen Darstellungen dieser Zeit sah das Universum folgendermaßen aus: Da waren zunächst einmal neun konzentrische Sphären. Das Innere dieses Gebildes stellte, natürlich, die Erde dar, die von innen nach außen zunächst von den Bahnen der sieben wandernden Himmelskörper umgeben war – Mond, Merkur, Venus, Sonne, Mars, Jupiter und Saturn – und dann von der Sphäre der Fixsterne, die die weitesten Entfernungen im Universum markierten.

Im folgenden Jahr wurde alles anders. Im März 1610, kaum drei Monate nach seinen ersten systematischen Untersuchungen des Nachthimmels, veröffentlichte Galilei seine Beobachtungen unter dem Titel *Sidereus Nuncius*. Er wollte mit diesem Titel eine »Botschaft der Sterne« vermitteln, doch von Anfang an wurde der lateinische Titel eher mit »Der Sternenbote« übersetzt und damit nicht nur von neuen Nachrichten, sondern gar von einem neuen Verkünder gesprochen, einem behelfsmäßigen, himmlischen Vermittler – wobei offen blieb, ob damit diese Schrift gemeint sei, dieser Mathematikprofessor aus Padua oder das verblüffende neue Instrument selbst.

So doppeldeutig der lateinische Titel der Schrift, so ungewöhnlich direkt war die Sprache des Textes. Was Galilei zu sagen hatte, brauchte keine rhetorische Hilfestellung, keine der Ausschmückungen und Blumigkeiten, die die meiste wissenschaftliche Literatur dieser Zeit kennzeichneten. Natürlich erliegt er dann und wann der Versuchung des Eigenlobs, indem er etwa den Leser wissen läßt, daß er bei der Verbesserung des Instruments »weder Mühe noch Kosten gescheut« habe oder daß er der erste Beobachter von Phänomenen sei, »die noch niemals seit der Erschaffung der Welt bis in unsere Tage« gesehen wurden; ihm sei gelungen, was den größten Geistern bislang verwehrt war, und er habe »sämtliche Dispute geklärt, mit denen sich die Philosophen über so viele Zeitalter abquälten«. Doch bei der eigentlichen Entdeckung ließ er allein die Fakten sprechen – als seien wir, wie er schrieb, »endlich befreit … von all diesen wortreichen Debatten«.

Zunächst stellt er seinen Lesern das neue Instrument vor, ein Fernrohr, »mit dessen Hilfe sichtbare Objekte, selbst wenn sie vom Auge des Betrachters weit entfernt sind, deutlich wahrgenommen werden, als seien sie ganz nahe«. Dann kommt er auf den Mond zu sprechen: die »großen oder alten Flecken«, die mit bloßem Auge sichtbar sind, dann die »kleineren Flecken, die so häufig sind, daß die gesamte Mondoberfläche davon übersät ist«, die »unebene, rauhe und stark gewundene Linie«, die die sonnenbeschienenen Regionen von den dunklen trennt, die »sehr zahlreichen hellen Punkte«, die »auf dem dunklen Teil des Mondes erscheinen«, und seine eigene Einschätzung aufgrund selbst vorgenommener Messungen, daß die Höhen und Tiefen der Mondoberfläche die der Erde übertreffen. Anschließend berichtet er über neue Sterne; im Sternbild der Plejaden konnte er statt der bekannten sechs Sterne nun 40 beobachten; oder das Sternbild des Orion, das plötzlich um 500 Sterne wuchs, oder gar die Milchstraße selbst, die plötzlich als »nichts als eine Ansammlung von unzähligen Sternen scheint, die in Haufen angeordnet sind. Auf welchen Teil man das *occhiale* auch immer richtet, sofort blickt man auf eine große Menge Sterne.« Schließlich kommt er zu der sicherlich wichtigsten Entdeckung in seinem Buch.

Am 7. Januar beobachtete er drei Sterne, die er noch nie zuvor gesehen hatte. Sie schienen ihm damals nicht besonders erwähnenswert, doch an diesem Abend beschrieb er sie in einem Brief als Beispiel für ein Phänomen, das ihm bei jeder Beobachtung aufs neue begegnete: »Und heute abend habe ich Jupiter in Begleitung von drei Fixsternen beobachtet, die aufgrund ihrer geringen Größe sonst völlig unsichtbar sind.« Er konnte selbst nicht sagen, warum – vielleicht wegen der auffälligen Konstellation dieser drei Himmelskörper, die alle in einer Reihe zueinander und dazu noch mit Jupiter zu stehen schienen –, doch am nächsten Abend wandte er sich ihnen erneut zu. Bei seiner ersten Beobachtung schienen sich zwei der Sterne östlich von Jupiter zu befinden und einer westlich. An diesem Abend jedoch entdeckte er alle drei westlich des Planeten. War Jupiter etwa von seiner Bahn abgekommen und nach Osten abgewichen, obwohl er doch nach allen astronomischen Beobachtungen und Vorhersagen nach Westen wandern mußte? Am nächsten Abend war es bewölkt, aber am 10. Januar war die Sicht erneut frei. Diesmal waren nur noch zwei der Sterne sichtbar, beide im Osten von Jupiter, und der dritte Stern schien von Jupiter verdeckt. Am folgenden Abend fand er die gleiche Anordnung dieser Himmelskörper vor, jedoch hatten sich diesmal die Abstände und die scheinbaren Größen der Sterne verändert. Mehrere Tage verbrachte er mit Berechnungen, durch welche Bewegungen es Jupiter gelingen könnte, solche Konstellationen hervorzubringen. Doch dann dämmerte es ihm allmählich, daß vielleicht nicht eine Bewegung von Jupiter für das Phänomen verantwortlich war, sondern daß die sich bewegenden Himmelskörper die Sterne selbst waren.

Im Laufe der nächsten Tage kehrte er öfter zu dieser Hypothese zurück. Am 12. des Monats beobachtete er schließlich nicht nur zwei Sterne, jeweils einer zu beiden Seiten des Jupiter, sondern folgendes: »Der Stern im Westen war etwas kleiner als der im Osten, und Jupiter stand zwischen den beiden, von jedem der

Sterne etwa einen Jupiterdurchmesser entfernt; und vielleicht gab es da sogar noch einen dritten [Stern], sehr klein und sehr nahe bei Jupiter – und tatsächlich war es so, wie sich bei genauerer Beobachtung und fortschreitender Dunkelheit später in der Nacht herausstellte.« Die nächste Nacht brachte wieder eine Überraschung: einen vierten Stern. »Jetzt waren es drei im Westen und einer im Osten«, notierte er. »Alle diese Sterne schienen von gleicher Größe, und obwohl sie klein waren, zeigten sie eine starke Leuchtkraft und waren viel heller als andere Fixsterne gleicher Größe.«

»Am 14. war es bewölkt.«

Nach und nach wurde er mit den Feinheiten seines Beobachtungsobjekts vertraut und schärfte seine Wahrnehmungen. Anfangs hatte er nur absolute Daten erfaßt: die Zahl der Sterne und ihre Position im Westen oder im Osten von Jupiter. Dann hatte er begonnen, ihre relative Größe zueinander und ihre jeweilige Entfernung zu Jupiter zu notieren. Am 15. Januar fügte er ein weiteres Element hinzu: die Uhrzeit seiner Beobachtungen. Und so fand er schließlich »in der dritten Stunde der Nacht« alle vier Sterne wieder, alle im Westen, alle in einer Reihe. »Doch in der siebten Stunde«, fuhr er fort, »waren nur noch drei Sterne in dieser Konstellation mit Jupiter zu sehen«. Zwischen diesen beiden Beobachtungen hatte er eine wichtige Entscheidung getroffen. Er hatte sein Journal geöffnet und trug die Werte aller Messungen der vergangenen Woche ein. Dabei wechselte er nun vom informellen Italienisch zu Latein, der Sprache der Wissenschaft. Es konnte nur eine mögliche Erklärung für das geben, was er gerade entdeckt hatte, dachte er: Die vier Himmelskörper waren keine Sterne, sondern Planeten, eigenständige Wanderer am Himmelszelt, und sie waren keine beliebigen Wanderer, sondern Monde des Jupiter.

Galilei hatte schon zuvor mit dem Gedanken gespielt, seine Beobachtungen zu veröffentlichen, aber diese neuen Erkenntnisse gaben nun den Ausschlag: Nicht nur, daß er durch eine schnellstmögliche Veröffentlichung seine Erstentdeckungsrechte wahren konnte, gewiß, doch diese neue Beobachtung übertraf tatsächlich alles, was er bisher durch sein *perspicillum* gesehen hatte. Hier hatte er es mit einer Entdeckung zu tun, die nicht nur der Lehrmeinung der antiken Autoritäten widersprach, sondern sie nahezu in ihr Gegenteil verkehrte.

Ebenso wie die anderen Beobachtungen, die er gemacht hatte, waren auch diese noch keine zwingenden Beweise. Bereits fast 70 Jahre zuvor hatte der Astronom Nikolaus Kopernikus eine längere mathematische Abhandlung vorgelegt, die sich mit einem Modell des Weltalls mit der Sonne im Zentrum beschäftigte. Einer der Hauptkritikpunkte, die seitdem gegen dieses Modell vorgebracht worden waren, lag in dessen Voraussetzung, daß der Mond die Erde umkreiste und diese beiden Himmelskörper sich wiederum gemeinsam um die Sonne drehten. Warum sollte die Erde der einzige Planet mit einem Mond sein? Und warum sollte das Universum *zwei* Rotationszentren haben, die Erde und die Sonne? Wenn jedoch Galileis Behauptungen korrekt waren, daß Jupiter mit der Erde die Besonderheit mindestens eines Mondes teilte, so konnte sich dies als gerade ausreichend erweisen, um die Debatte über das kopernikanische Weltbild wiederzubeleben und sogar die Waagschale sich zu dessen Gunsten neigen zu lassen.

Der bescheidene Stapel von 24 Blättern bewirkte unmittelbar eine Sensation. Noch vor der Veröffentlichung schrieb sogar ein Bankier aus Augsburg, der in regelmäßigen Geschäftsbeziehungen zu einem Jesuitenkolleg in Rom stand, von ferne jenseits der Alpen an den dortigen führenden Mathematiker und fragte an, ob die ihm zu Ohren gekommenen Gerüchte wahr seien: daß ein Mathematiker in Padua »vier neue Planeten entdeckt« habe, »die, soweit wir wissen, noch niemals zuvor von einem Menschen erblickt, und zahlreiche Fixsterne, die vorher nicht beobachtet oder bekannt gewesen, und wundersame Dinge über die Milchstraße«. Am nächsten Tag, dem 13. März 1610, wurde *Sidereus Nuncius* veröffentlicht, und noch am gleichen Tag schickte ein englischer Besucher in Venedig, Sir Henry Wotton, ein Exemplar der Schrift an seinen König mit einer Nachricht, in der unter anderem zu lesen war:

Ich komme nun zu den aktuellen Ereignissen und sende Ihrer Majestät beiliegend die seltsamste Neuigkeit (wie ich sie zu Recht bezeichnen könnte), die Ihnen jemals aus irgend einer Weltgegend zugekommen ist; nämlich das beiliegende Heft (das am heutigen Tage veröffentlicht wurde) eines Mathematikprofessors in Padua, der vermittels eines optischen Instruments (welches Objekte sowohl vergrößert als auch näher heranholt), das zuerst in Flandern erfunden und dann von ihm verbessert wurde, vier neue Planeten entdeckt hat, die sich um den Jupiter bewegen, nebst vielen anderen unbekannten Fixsternen.

Die 500 Exemplare des Berichts waren sofort ausverkauft; selbst Galilei erhielt nur zehn anstatt der 30 bestellten Exemplare. Zwei Wochen später erreichte ein Bote aus Venedig Florenz mit einem Paket, und schnell versammelte sich eine Menschenmenge um ihn, weil sie dachten, er habe ein Fernrohr in seinem Gepäck. Es stellte sich heraus, daß es ein Exemplar des *Sidereus Nuncius* war, und die Menge zerstreute sich erst, nachdem sie jedes Wort vorgelesen bekommen hatte. In Venedig selbst zog ein vergleichbares Paket eine ähnliche Menge an, die jedoch dort mit einem Fernrohr belohnt wurde, das sie zum Leidwesen des belagerten Besitzers für Stunden in Beschlag nahm.

Es war sogleich offensichtlich, daß Galileis Entdeckungen, sollten sie sich als wahr erweisen, jede andere Errungenschaft des Zeitalters der Entdeckungen übertrafen. Der britische Naturphilosoph William Lower schrieb, als ihm die Kunde überbracht wurde:»Mir scheint, daß mein geschätzter Galileus mit seinen drei Entdeckungen mehr geleistet hat als Magellan bei der Eröffnung des Weges zur Südsee.« Der schottische Dichter Thomas Seggett fügte hinzu:

> Columbus gave man lands to conquer by bloodshed
> Galileo new worlds harmful to none. Which is better?

> Kolumbus gab den Menschen Länder,
>   zu erobern durch hohen Blutzoll
> Galilei neue Welten, die niemandem schaden.
>   Welche ist wohl die bessere?

Johannes Faber, ein bekannter Philosoph, der sich auch mit Medizin und Botanik befaßte, verkündete:

> Gewiß, Vespucci und Kolumbus
> Fanden ihren Weg durchs unbekannte Meer.
> Doch Du, Galileo, allein zeigtest den Menschen die Sterne,
> Neue Sternbilder am Himmel.

Wo die Älteren Vollkommenheit ausgemacht hatten, entdeckte Galilei Berge und Täler. Wo jedermann sonst eine weiße, verschwommene Fläche sah, erkannte Galilei Sterne. Wo das Schicksal die Zahl der himmlischen Wanderer für die Ewigkeit auf sieben begrenzt hatte, fügte Galilei vier weitere hinzu. Wie Sir Henry Wotton noch am gleichen Tag in einem Brief schrieb, hatten Galilei und sein Instrument »alle bisherige Astronomie übertroffen«. Nicht, daß Galilei etwas Derartiges explizit behauptet hätte – zumindest noch nicht – und daß jeder sofort davon überzeugt gewesen wäre. So wie der Augsburger Bankier, der schrieb: »Ich weiß sehr gut, daß ›langsames Glauben die Sehne der Vernunft ist‹, und ich habe meine Meinung daher noch nicht festgelegt.«
Einige weigerten sich auch schlicht, hinzusehen: Die Planeten

gab es einfach nicht, denn es konnte sie nicht geben. Ein Florentiner Astronom argumentierte, daß »diese Trabanten des Jupiter für das bloße Auge unsichtbar sind; daher üben sie auch keinen Einfluß auf die Erde aus, wären daher nutzlos, und deshalb gibt es sie nicht«.

Manche schauten hin und weigerten sich, etwas zu erkennen. Kritiker warfen Galilei vor, seine »Planeten« in seinem Fernrohr zu verstecken. Einer vertrat die Hypothese, daß es zwar wohl richtig sei, daß die Oberfläche des Mondes gebirgig aussehe, daß jedoch ein transparenter Überzug auf der Höhe der höchsten Gipfel die Mondoberfläche überziehe, um die makellose Reinheit der perfekten Kugelgestalt des Planeten zu erhalten.

Einige schauten hin und *konnten* nichts erkennen. Laut einem Augenzeugenbericht konnte bei einer Demonstration in Bologna im April 1610 keiner der verschiedenen anwesenden Gelehrten die Jupitermonde sehen (die Galilei selbst in seinem Journal für diesen Abend verzeichnete). »Auf der Erde wirkt es [das Fernrohr] Wunder«, notierte einer der Gelehrten, »am Himmel jedoch enttäuscht es, denn manche Fixsterne erscheinen doppelt«. Er bezeichnete die Planeten als »fiktiv«, berichtete, daß »alle darin übereinstimmten, daß das Instrument enttäuschte«, und kam zu dem Schluß, daß »der elende, unglückselige Galilei sich in Schande von dannen schleichen« solle, denn er sei »vollständig von sich eingenommen und mit einer Fabel hausieren gegangen«.

Schließlich ging es um den Vorgang des Sehens selbst – etwas, das plötzlich überhaupt nicht mehr so einfach schien. »Auf diese Art und Weise kann man lernen mit der ganzen Gewißheit des Beweises der eigenen Sinne«, schrieb Galilei in der Einleitung von *Sidereus Nuncius*. Doch wieviel Gewißheit lieferte der »Beweis der eigenen Sinne« überhaupt?

Bereits seit Jahrhunderten waren Röhren ohne Linsen zum Beobachten des Himmels verwendet worden, sogar Aristoteles hatte in seiner Schrift *De generatione animalium* (»Über die Entstehung der Lebewesen«) die positiven Auswirkungen einer Röhre beim deutlichen Erkennen eines fernen Ziels hervorgehoben: »Wer seine Augen mit der Hand beschattet oder durch eine Röhre schaut, wird keine verbesserte oder verschlechterte Farbwahrnehmung feststellen, doch weiter sehen können; jedenfalls sehen Menschen in Gruben oder Brunnenschächten manchmal die Sterne.« Aus dieser Beobachtung zog er die logische Schlußfolgerung: »Am besten müßten entfernte Objekte zu sehen sein, wenn man eine Art durchgängiges Rohr vom Auge zum Objekt benutzte, denn dann gingen die Bewegungen [Strahlen], die von dem Objekt ausgehen, nicht verloren; je länger das Rohr ist, desto höher ist jedenfalls die Schärfe, mit der das Objekt erkannt wird.«

Bei einem Fernrohr kommt natürlich auch bereits dieses Prinzip zum Tragen, doch das Glas der Linsen führte nicht nur zu einer Vergrößerung des Bildes und zum Einfangen von mehr Licht, als es Auge und Rohr allein vermocht hätten, sondern es kam auch zu Verzerrungen, Trübungen durch unreines Glas und Farbrändern (sogenannten chromatischen Aberrationen). Galilei lernte jedoch schnell, mit einigen dieser Probleme fertig zu werden. Um seine unruhige Hand und das Pulsieren seines Blutes zu überwinden, sicherte er das Instrument auf einem Stativ. Er fand heraus, daß er durch eine Verlängerung des Rohres und damit einer Vergrößerung des Abstandes beider Linsen nähere Objekte klarer erkennen konnte, während mit einem kürzeren Rohr entfernte Objekte besser zu sehen waren. Anfang Januar 1610 kam ihm die glückliche Idee, das Objektiv am vom Auge entfernten Ende der Röhre mit einer größeren Linse als eigentlich notwendig zu versehen, dann jedoch einen Karton mit einer ovalen Öffnung davorzusetzen. Damit konnte das Licht nur durch die Bereiche der Linse mit der stärksten Wölbung und damit der geringsten Verzerrung fallen. Doch selbst damit beurteilte Galilei von den über 100 Fernrohren, die er selbst hergestellt hatte, nur

zehn tatsächlich als so gelungen, daß damit ein Blick auf die Jupitermonde möglich sei, und selbst seine besten Stücke erlaubten
gerade einmal einen Blick auf einen kleinen Ausschnitt der Mondoberfläche.

Die meisten Betrachter hatten natürlich keinen Zugang zu
einem Instrument aus der Werkstatt des Meisters. Die politisch
Einflußreichsten schon – dafür sorgte Galilei durch regelmäßige
Korrespondenz mit gekrönten Häuptern und sonstigen möglichen Fürsprechern –, doch alle anderen mußten in diesen frühen
Jahren ihre Neugier mit weniger guten Instrumenten befriedigen,
die weit größere Verzerrungen verursachten. Nach dem Bericht
eines deutschen Gelehrten »schien der Körper Jupiters lichterloh
in Flammen zu stehen, er schien vielmehr in drei oder vier Feuer-
bälle zerteilt, von denen dünnere Flammenhaare nach unten ab-
gingen wie der Schweif eines Kometen«.

In der Astronomie hing die Verläßlichkeit einer Beobachtung
immer schon von der Qualität des Instruments und der Beob-
achtungsfähigkeit des Betrachters ab. Mit dem Fernrohr jedoch
kamen jetzt Unsicherheiten über die Sinneswahrnehmungen ins
Spiel, die nicht nur das Auge, sondern auch die Interpretation des
Gesehenen durch den Verstand betrafen. Selbst ein Beobachter,
der bereit war, das Instrument als grundsätzlich vertrauenswür-
dig anzusehen, mußte sich immer noch mit der Frage auseinan-
dersetzen, was das Instrument eigentlich tat – nicht so sehr auf
der Ebene der Funktionsweise, obwohl es auf dem Gebiet der
Optik sicher noch viel zu erforschen gab, als vielmehr über das,
was zu sehen war, wie also die gemachten Beobachtungen zu
interpretieren waren, und *ob* es sich dabei überhaupt um etwas
Interpretierbares handelte.

Ohne Erfahrung hatten Beobachter keine Möglichkeit,
Gewißheit darüber zu erhalten, was sie da sahen. Bei seinen Vor-
führungen zeigte Galilei bei Tag die Inschrift über dem Eingang
eines mehrere Kilometer entfernten Gebäudes, und dann bei

Nacht die Trabanten des Jupiter. Damit wollte er auf etwas Wichtiges hindeuten: Ein Instrument, das auf der Erde zuverlässig funktionierte, würde dies bei himmlischen Objekten wohl ebenso zuverlässig tun. Doch nicht einmal Galilei konnte vorhersagen, welche Form irgendeine himmlische Wahrheit wohl annehmen mochte. Nur durch wiederholte Beobachtungen und unabhängige Bestätigungen konnte eine Interpretation auch nur in den Bereich einer gewissen Wahrscheinlichkeit geraten. So hatte die Beschreibung von Jupiter in Gestalt von vier großen Feuerbällen nur deshalb keinen Bestand, weil ihn außer diesem einen bedauernswerten deutschen Gelehrten niemand anderes auf diese Weise sah, nicht weil dies auf irgendeine Weise weniger glaubhaft gewesen wäre als andere himmlische Phänomene bei ihrer ersten Beobachtung.

Das Fernrohr stellte auch deshalb selbst für die wohlmeinendsten Gelehrten etwas Zweifelhaftes dar, weil es das erste Instrument war, das einen der menschlichen Sinne erweiterte. Anders als Brillen und Lupen lieferte das Fernrohr nicht nur einfach eine Vergrößerung des bereits Vorhandenen, sondern *mehr*. Es zeigte eine Realität, die von der mit dem bloßen Auge sichtbaren abwich, eine Realität, *die sonst nicht vorhanden war*. Und wenn man es in den Himmel richtete, zeigte es gar Dinge – mit »aller Gewißheit der eigenen Sinneserfahrung« –, die der bisherigen Realität *widersprachen*. Und diese beiden Realitäten konnten nicht gleichzeitig wahr sein.

Bis dato hatte die »Gewißheit der eigenen Sinneserfahrung« immer als Beweis ausgereicht. Der Grund dafür, daß das Modell eines konzentrischen Kosmos (der griechischen Bezeichnung für »Ordnung und Harmonie«) zwei Jahrtausende überdauern konnte, lag darin, daß es sinnvoll schien und darüber hinaus dem »gesunden Menschenverstand« sowie dem zu entsprechen schien, was mit den eigenen Augen zu beobachten war. Das Modell stellte eine feststehende Erde in den Mittelpunkt der

Schöpfung und ließ die Himmelskörper sich um sie drehen. Nicht daß es dabei keine Ungereimtheiten gegeben hätte; die Planeten zum Beispiel bewegten sich durchaus nicht immer in den perfekten Kreisbahnen, die man – wie es tatsächlich das griechische Dogma auch verlangte – von einem himmlischen Gestirn erwarten sollte. Manchmal pflegte nämlich ein Planet zwar im Laufe mehrerer Nächte langsam von West nach Ost durch die Tierkreiszeichen zu wandern, dann jedoch plötzlich umzukehren, sich einige Nächte lang von Ost nach West zu bewegen, um dann schließlich wieder seine ursprüngliche Bewegung aufzunehmen. Unter anderem aus diesem Grund hatte Aristoteles neben anderen postuliert, daß sich die Himmelskörper auf miteinander verschränkten, transparenten Sphären bewegten, jeweils eine für die Sonne, den Mond und jeden Planeten sowie schließlich eine gemeinsame äußere Sphäre für die Fixsterne, wobei jede einzelne von einer unsichtbaren Kraft angetrieben würde, einem sogenannten »Beweger«. Diese Sphären alleine konnten jedoch noch nicht alle Bewegungen erklären, und so fügten bereits Aristoteles selbst und andere Philosophen weitere Korrektoren ein: Sphären innerhalb von Sphären, Sphären tangentiell zu Sphären, so lange, bis schließlich fünfundfünfzig Sphären erreicht waren, eine jede mit ihrem eigenen Beweger.

Diese Anpassungen trugen dazu bei, beobachtete Phänomene zu berücksichtigen – oder, wie die Mathematiker damals zu sagen pflegten, »die Erscheinungen zu retten«. Doch erst Ptolemäus entwickelte eine fundierte mathematische Grundlage für dieses Modell – der gleiche antike Philosoph, dessen *Geographia* für die Entdecker des 15. Jahrhunderts zunächst so inspirierend, doch dann so unbefriedigend erschienen war. Im 2. Jahrhundert führte Ptolemäus ausführliche Himmelsbeobachtungen durch, befand seine Ergebnisse im Einklang mit dem aristotelischen Weltbild und konstruierte ein vollständiges mathematisches Modell für alle Himmelsbewegungen. Er selbst nannte sein Werk

Syntaxis mathematike (»Mathematische Sammlung«), doch arabische Übersetzer des 9. Jahrhunderts nannten es aus Ehrfurcht vor dieser noch nie dagewesenen Leistung *Al-mageste* (»Das größte Werk«) oder, wie es später bekannt wurde, *Almagest.* Durch Ptolemäus' herkulische Anstrengungen entsprach das aristotelische Weltbild nunmehr der »Gewißheit der Sinneserfahrungen« *und* war mathematisch beherrschbar. Die Zahl der Sphären war sogar auf nur noch 40 gesunken.

Eine weitere wesentliche mathematische Verbesserung fand erst 1300 Jahre später statt. Nikolaus Kopernikus wurde 1473 geboren, auf dem Höhepunkt des Zeitalters der Entdeckungen. Die Nachricht von einer Neuen Welt erreichte ihn im frühen Erwachsenenalter. Kopernikus jedoch war von Natur aus vorsichtig. Er hatte niemals vor, den Status quo in Frage zu stellen, er wollte ihn lediglich ergänzen. Er begann mit der Abfassung der Schrift *De revolutionibus orbium coelestium* (»Über die Kreisbewegungen der Himmelskörper«) mehr als 30 Jahre vor der Veröffentlichung, zu der es schließlich 1543 kam, und selbst dazu ließ er sich nur von Freunden drängen, die seine großartigen mathematischen Fähigkeiten und seine neue Interpretation des sichtbaren Universums bewunderten. Was ihn ursprünglich dazu brachte zu erforschen, wie die Himmelsmechanik funktionierte, und ihn auch schließlich dazu bewog, seine Antworten zu veröffentlichen, war weniger seine Begeisterung für ein neues Modell, das endlich schlüssig war, als die Unzufriedenheit mit dem bisherigen, das nicht schlüssig war.

Im Laufe der Jahrhunderte war das Universum zu kompliziert, verschachtelt und verbaut geworden. Mathematiker hatten unablässig weitere Sphären und Schalen postuliert und diese als Epizyklen, Äquanten, Exzenter und Deferenten zu dem bisherigen Weltmodell hinzugefügt, weggenommen, ausgetauscht und angehängt mit einer Unbekümmertheit, die an Beliebigkeit grenzte. Und doch, so argumentierte Kopernikus, waren die Mathematiker vollständig auf dem Holzweg. Sie *hatten* die Erscheinungen nicht gerettet. Im 16. Jahrhundert wichen Kalender und die Jahreszeiten schon um Wochen, Vorhersagen von Himmelsphänomenen wie Finsternisse und Konjunktionen um bis zu einen Monat von den Berechnungen ab.

Kopernikus' Haupteinwand gegen das ptolemäische Weltbild und seine zahllosen Varianten war jedoch ein ästhetischer. Wie er im Vorwort zu *De revolutionibus* beklagte, waren die Mathematiker »unfähig, den entscheidenden Punkt zu erkennen oder abzuleiten – nämlich die Struktur des Universums und die unveränderliche Symmetrie seiner Teile. Damit«, schloß er, »verhält es sich so, wie wenn ein Künstler die Hände, Füße, Köpfe und andere Körperteile seiner Modelle von unterschiedlichen Personen abbildet, ein jeder für sich genommen exzellent dargestellt, aber alle nicht mit dem gleichen Körper in Beziehung stehend, und weil kein Teil zum andern paßt, ähnelt das Ergebnis eher einem Monstrum als einem Menschen«.

Die mathematische Seite seiner Arbeit wurde weithin gelobt und anerkannt. Zum ersten Mal war eine alternatives Weltbild mathematisch dem aristotelischen mindestens gleichwertig und ihm vielleicht sogar überlegen. Mit dem kopernikanischen System konnten die Mathematiker Himmelsphänomene nun mit weit größerer Genauigkeit vorhersagen, und nach der Kalenderreform von 1582, die zahlreiche von Kopernikus' Innovationen aufgriff, stimmten Datum und natürliche Jahreszeiten auch wieder überein.

Bei dem spitzfindigen Einfall einer sich bewegenden Erde handelte es sich dagegen um etwas anderes. Gewiß, die Idee war brauchbar für mathematische Berechnungen, aber sie wurde durchaus nicht weiter ernst genommen – es handelte sich eben um ein mathematisches Hilfskonstrukt, das Kopernikus die Arbeit wesentlich erleichterte. Mit seinem Ansatz, die Sonne rechnerisch in den Mittelpunkt seiner Konstruktion zu stellen, war Kopernikus auch alles andere als ein Pionier. Bereits zu Lebzeiten von Aristoteles hatte Herakleides von Pontos die Hypothese vertreten, nicht die Himmelskörper drehten sich täglich einmal um die Erde, sondern die Erde um sich selbst, und hundert Jahre später ging Aristarchos von Samos sogar so weit zu behaupten, die Erde drehe sich um die Sonne und nicht umgekehrt. Doch Kopernikus war der erste, der ein mathematisches System entwickelte, das ebenso verständlich war wie das, das Ptolemäus für Aristoteles' geozentrisches Modell entwickelt hatte. Damit begegnete er dem traditionellen Einwand gegenüber einem heliozentrischen Weltbild, daß ein solches eben keine mathematische Basis habe. Aber ebenso wie Herakleides und Aristarchos hatte auch er keine Lösung parat, die mit der »Gewißheit der Sinneserfahrungen« in Einklang zu bringen war, und damit sah es so aus, als würde das aristotelische Weltbild noch eine Weile Bestand haben, was letztlich dann auch der Fall war.

»Ich begann, meinen eigenen Augen zu mißtrauen«, erinnerte sich Tycho Brahe, der zukünftige führende Astronom Europas, an einen Abend im Jahre 1572, als er das Unvorstellbare beobachtete: eine *Nova*, einen neuen Stern. Der dänische Sternenforscher kannte jedes Objekt am Nachthimmel auswendig, und doch war da plötzlich ein neuer Stern im Sternbild Kassiopeia, der sogar so hell war, daß er mit Leichtigkeit nahezu alle anderen Himmelskörper überstrahlte. Im Jahr darauf, als die Nova an Leuchtkraft nachgelassen hatte, veröffentlichte er einen kurzen Bericht über seine Beobachtungen mit der Vermutung, die Nova gehöre nicht zu den mutmaßlich wandlungsfähigen Regionen in der Nähe des Mondes, sondern befinde sich in der sehr viel weiter entfernten und bis dato für unverletzlich gehaltenen Sphäre der Fixsterne. Fünf Jahre später durchzog ein Komet den Nachthimmel, und wieder ermittelte Brahe, daß dieser Himmelskörper wohl aus den als unveränderlich geltenden Bereichen des Alls stammte.

1588 war er soweit, eine der alten Debatten ein für allemal zu

entscheiden. »Es gibt im Himmel keine soliden Sphären«, verkündete er in *De mundi aetherei recentioribus phaenomenis*. Die
Sphären, in denen die Planeten ihre nächtlichen Wanderungen
absolvierten, waren rein symbolisch; sie und ihre »Beweger«
waren bloß Ausdruck von Bewegungen im Raum und verursachten diese Bewegungen nicht selbst. Obwohl Brahe einige Exemplare dieses Textes 1588 unter Freunden verteilte, wurde das Buch
erst 1603 in einer größeren Auflage veröffentlicht – zufällig gerade rechtzeitig für das nächste Ereignis, das das Sphärenmodell ins
Wanken geraten ließ: die Nova von 1604.

Berichte über Novae hatte es immer schon gegeben, und ebenso Berichte über Kometen. Doch die Gelehrten weigerten sich
immer stärker, die theologischen Erklärungen von bösen Vorzei-
chen und Wundern anzuerkennen, die in der Vergangenheit als
Erklärungen stets ausgereicht hatten – insbesondere, nachdem
die neuen himmlischen Phänomene durch neue und unanfecht-
bare Beobachtungen und Berechnungen unterstützt wurden,
und erst recht, nachdem das traditionelle Weltbild auch bei der
Mehrheit der Gelehrten seine Sphären eingebüßt hatte. Doch es
war immer noch *eine* Sache, wenn der aristotelische Kosmos dem
kopernikanischen System aus *mathematischen* Gründen Platz
machte – moderne Korrekturen alter Lehrmeinungen haben zu
allen Zeiten jede Gelehrtendisziplin überwunden. Ein viel größeres Zugeständnis dagegen war es, den aristotelischen Kosmos *aufgrund von direkten Beobachtungen* aufgeben zu müssen.

Brahe selbst schlug eine Alternative sowohl zum aristotelischen
wie zum kopernikanischen Weltbild vor, bei der die Planeten um
die Sonne kreisen, alle gemeinsam jedoch die Erde umrunden
sollten – keine besonders glückliche Idee. Unter Mathematikern
setzte sich immer mehr die Ansicht durch, daß das aristotelische
Weltbild zwar inzwischen in die Jahre gekommen sei, das
kopernikanische aber kaum eine brauchbare Alternative biete. Es
wurde argumentiert, was die Astronomie nun brauche, sei eine

tragfähige neue Hypothese, die mathematisch mindestens ebenso fundiert wäre wie die von Kopernikus, wenn nicht sogar noch besser (die Vorhersagen von Himmelsphänomenen wichen manchmal immer noch um bis zu einige Tage ab), die jedoch auch für die Sinneserfahrungen ebenso befriedigend sein müsse wie die aristotelische. Einer der führenden Astronomen nannte dies »eine radikale Erneuerung der Astronomie«.

Galilei wiederum behauptete keineswegs, daß es sich bei seinen Beobachtungen durch das Fernrohr um eine solche handelte. Er war Mathematiker, und gemäß der Arbeitsteilung in der Astronomie, die bereits seit der Antike Bestand hatte, kümmerten sich die Mathematiker lediglich darum zu verstehen, *wie* das Universum funktioniert – also um die evidenten Sinneserfahrungen. Auf dieser Basis erarbeiteten sie dann mathematische Methoden, mit denen Finsternisse und andere Phänomene vorhergesagt werden konnten, oder sie fügten eine neue Ekliptik ein, um die Erscheinungen korrekt festzuhalten.

Für die *Bedeutung* dieser Erscheinungen dagegen waren die Philosophen zuständig. Die Philosophen beschäftigten sich nicht damit, wie das Universum funktioniert, sondern mit der Frage nach dem Platz des Menschen im Kosmos. Klar voneinander getrennt existierten zwei Regelwerke – je eines für die irdischen und eines für die himmlischen Belange. Auf der Erde bewegten sich die Gegenstände in geraden Linien und fielen zur Erde, als ob sie zum Zentrum des Universums hingezogen würden – dem anscheinenden Ruhepunkt alles Irdischen oder, um es mit den Worten eines antiken Philosophen auszudrücken, »dem Unflat und dem Bodensatz der Welt, dem schlechtesten, niedrigsten, leblosesten Teil des Universums, dem Untergeschoß des Hauses«. Der Bereich des Himmlischen dagegen verlangte nach makelloser Perfektion. Himmelskörper wiesen eine perfekte Form auf, die Kugel, und Aristoteles hatte keinen Zweifel, daß man, hätte man sie näher untersuchen können, auch perfekte Bestandteile vorge funden hätte. Hier unten war der Bereich der vier irdischen Elemente Feuer, Wasser, Luft und Erde in den verschiedensten Zusammensetzungen. Und dort oben? Wer sollte das wissen, könnte es je wissen? Und doch dachte Aristoteles, ein fünftes, ausschließlich dem Himmel vorbehaltenes und zweifelsohne unvergängliches und ewiges Element müsse auch einen Namen haben, und er nannte es die Quintessenz.

Im Frühjahr 1611, als Galilei seine erste Reise nach Rom seit der Veröffentlichung seiner Entdeckungen vorbereitete, befragte der Vorsteher des Collegio Romano, Kardinal Roberto Bellarmino, seine jesuitischen Mathematiker zu Galileis Beobachtungen. Diese antworteten, ihre eigenen Beobachtungen mit dem Fernrohr bestätigten Galileis Aussagen. Diese höchst einflußreiche Unterstützung sowie ein Empfang zu Ehren Galileis am Collegio bedeuteten eine erhebliche Aufwertung für das Instrument und die Schlußfolgerungen, die Galilei aus den damit gemachten Entdeckungen gezogen hatte – allerdings ausschließlich, was die mathematische Seite der Aussagen betraf. Was das Collegio jedoch nach Ansicht von Kardinal Bellarmino *auf keinen Fall* lieferte, war eine Stellungnahme für ein bestimmtes Weltmodell oder auch nur der Ansatz dazu – dies war ausschließlich eine Angelegenheit der Philosophen. So schrieb der Kardinal später über das kopernikanische System: »Die Demonstration, daß die Erscheinungen korrekt festgehalten werden, indem man annimmt, die Sonne befinde sich im Mittelpunkt und die Erde am Himmel, ist nicht das gleiche wie ein Beweis, daß sich die Sonne *tatsächlich* im Zentrum und die Erde *tatsächlich* am Himmel befinden. Ich glaube, daß die erste Demonstration Bestand haben kann, aber ich habe schwere Zweifel bezüglich der zweiten; und im Zweifelsfall sollte man die Heiligen Schriften, wie sie von den Heiligen Vätern ausgelegt wurden, nicht verlassen.«

Galilei gehörte zunächst zur kleinen Zunft der Mathematiker und empfand sich noch nicht als Philosoph. Für die Entdeckung der Jupitersatelliten präsentierte er zum Beispiel in *Sidereus Nuncius* eine penible Dokumentation: Jede Beobachtung aus jeder Nacht, zwischen dem 7. Januar und dem 2. März, dem letztmöglichen Datum nur elf Tage vor der Veröffentlichung, wurde aufgeführt, manchmal auch mehrere Beobachtungen aus derselben Nacht. Teilweise bedingt durch den Zeitdruck, aber auch, um die Wirkung seiner Entdeckungen nicht zu schmälern, in erster Linie jedoch, weil er sich außerhalb seiner Disziplin fühlte, gab er keine philosophischen Interpretationen ab.

Und doch wurde bald das Bedürfnis danach deutlich. »Laßt uns diese Bemerkungen zu diesem Thema hier abschließen«, schreibt er an einer Stelle über die Erde. »Denn wir werden [noch] zeigen, daß sie sich bewegt und sogar noch stärker leuchtet als der Mond, und daß sie nicht der dumpfe Haufen von Unflat und Bodensatz des Universums ist, und wir werden das mit zahllosen Argumenten aus der Natur belegen.« Die einzige philosophische Äußerung, zu der er sich letztlich hinreißen läßt, ist die lässige Bemerkung, daß »alle Planeten um die Sonne kreisen«, eine Behauptung, die technisch sowohl mit dem kopernikanischen Weltbild als auch dem von Tycho Brahe vereinbar war.

Während seines Besuches in Rom, während das Collegio Romano offiziell seine Beobachtungen untersuchte, wurde Galilei noch eine weitere Ehre von einer Vereinigung mit einer ganz anderen Zielsetzung zuteil, der Accademia dei Lincei. Anders als die Jesuiten, die nur die mathematische Gültigkeit der Fernrohr-Beobachtungen untersuchten, begrüßten die Lincei nicht nur ausdrücklich die philosophischen Implikationen, sondern anerkannten auch das Recht des Mathematikers, sich diese zunutze zu machen. Anläßlich eines Abendessens zu Ehren Galileis am 14. April 1611 prägte ein griechischer Dichter und Theologe, Johannes Demisianus, den italienischen Namen *telescopio* für das Fernrohr, und es geschah aus einer Geste der Verbundenheit mit dieser Gruppe heraus, daß Galilei danach fast ausschließlich diese Bezeichnung verwendete.

Für Galilei, die ähnlich denkenden Lincei und andere kühne Geister dieser Tage war die Trennung zwischen Mathematikern und Philosophen falsch. Die Ehrerbietung, die Philosophen der antiken Weisheit entgegenbrachten, schien sklavisch, eine unhinterfragte Loyalität zu »einer papiernen Welt«, wie es Galileis Zeitgenosse, der große Mathematiker Johannes Kepler, einst nannte und auch Galilei in seinen Schriften selbst anklingen ließ. Galilei argumentierte gerne, selbst Aristoteles hätte nicht auf den Positionen bestanden, die ihm seine Nachfolger zuschrieben, wenn er die neuen Tatsachen gekannt hätte, insbesondere wenn er ein Teleskop gehabt hätte. Die Zeit war gekommen, daß auch die Mathematiker beginnen mußten, Philosophie zu betreiben – die Erscheinungen festzuhalten *und* sie zu erklären. In einer ausgesprochen symbolischen Geste schrieb Galilei daher anläßlich seiner Zulassung am toskanischen Hof 1610 (den Weg dazu hatte er sich durch die Benennung der Jupitermonde nach den Medici geebnet) mit einer besonderen Bitte an den Großherzog: »Schließlich, was den Titel und den Zweck meiner Tätigkeit betrifft, wünsche ich, daß mir Ihre Hoheit neben der Bezeichnung Mathematiker auch noch die eines Philosophen gewähren möge.« Dieser Wunsch wurde ihm erfüllt.

Dennoch äußerte er sich erst 1613 in einer Veröffentlichung der Accademia dei Lincei, den *Briefen über die Sonnenflecke*, zum erstenmal öffentlich zugunsten eines Weltmodells und gegen ein anderes. Bis dahin hatte nicht nur die Existenz der Jupitermonde breite Bestätigung erfahren, sondern Galilei hatte außerdem beobachtet, daß auch die Venus Phasen aufweist, ähnlich wie der Mond – im Modell des erdzentrierten Kosmos eine physikalische Unmöglichkeit. Die aristotelischen Sphären waren inzwischen durch zahlreiche Kometen und Novae völlig durchlöchert, doch nun entzogen die Phasen der Venus auch dem mathematischen

Unterbau von Ptolemäus endgültig den Grund. »Ein Verständnis dessen, was Kopernikus in *De Revolutionibus* schrieb«, schloß Galilei, »genügt für die meisten Astronomen, um sicher zu sein, daß sich die Venus um die Sonne dreht, ebenso wie dafür, den Rest seines Systems zu bestätigen«.

Seit 70 Jahren war es den Mathematikern klar, daß Kopernikus den Schein eines heliozentrischen Weltbildes besser wahrte als Ptolemäus den eines geozentrischen. Dies war eine nützliche Information für die Mathematiker, nicht jedoch für die Philosophen, zumindest so lange, wie das geozentrische Weltbild noch mit der Gewißheit der Sinneserfahrungen in Einklang stand. Denn selbst nachdem Aristoteles' kristallene Sphären auf immer verschwunden waren, blieb doch eine Frage bestehen: Warum sollte man ein System aufgeben, bei dem die Himmelskörper das taten, was sie offenbar tatsächlich taten – nämlich die Erde umkreisen –, und es eintauschen gegen eines, in dem sie dies nicht taten? Warum sollte man ein System annehmen, bei dem einer der beiden Himmelskörper, die doch Tag um Tag über den Himmel ziehen – Sonne und Mond –, sich nun bewegt, der andere dagegen nicht? Und nun behauptete Galilei, er habe die Antwort: Weil es einfach wahr ist. Weil das kopernikanische Modell am weitesten mit der Wirklichkeit übereinstimmt. Und weil ein heliozentrisches Weltbild zwar nicht mit der Gewißheit der Sinneserfahrungen übereinstimmt – *es darauf aber gar nicht ankommt*.

So radikal wie alles andere, was Galilei und weitere Kopernikaner durch das Fernglas zu sehen behaupteten, war diese Aussage selbst. Wie der Goldgrund, der mit der Erfindung der Perspektive in der Malerei zwei Jahrhunderte zuvor plötzlich verschwunden war, erschloß sich die volle Bedeutung der dogmatischen Abgrenzung zwischen den irdischen und den himmlischen Belangen erst, nachdem sie verschwunden war. Jetzt war sie weg, und erst in ihrer Abwesenheit kam die Erkenntnis, welche Rolle die Forderung nach der »Gewißheit der Sinneswahrnehmungen« bisher beim Verständnis des Universums gespielt hatte.

Galilei selbst kannte schon die Grenzen von Beweisen aufgrund der »Gewißheit der Sinneserfahrungen«. Bereits im Juli 1609, kurz nachdem er zum erstenmal von dieser phantastischen Erfindung aus dem Norden gehört hatte, hatte sich der englische Wissenschaftler Thomas Harriot einen dieser »Perspektivzylinder« besorgt und begonnen, den Mond zu beobachten. Er sah Schatten und skizzierte sie in Zeichnungen. Doch erst im folgenden Juli, nachdem er ein Exemplar von *Sidereus Nuncius* erhalten hatte, verstand er, was er ein Jahr zuvor gesehen hatte: Seine Schatten mußten Berge und Täler sein. William Lower, ein Freund und Kollege, schrieb Harriot von einem ähnlichen Lernprozeß nach der Lektüre von Galileis Berichten: »Zunächst hatte ich beobachtet, daß der Mond über und über mit seltsamen Flecken übersät war, aber ich hatte keine Vorstellung, daß es sich dabei um Schatten handeln könnte.« Ein Jahr zuvor hatte er die »seltsamen Flecken« noch etwas lebhafter geschildert: »Der Vollmond kommt mir vor wie der Kuchen, den mir mein Koch letzte Woche gebacken hat; hier eine Ader helles Zeug, dort etwas Dunkles, und alles kreuz und quer durcheinander. Ich muß gestehen, daß ich ohne meinen [Perspektiv-] Zylinder nichts davon erkennen kann.«

Galilei hatte natürlich ebenfalls keine Erfahrung mit Beobachtungen durch das Fernrohr, doch gelang es ihm, die Himmelskörper so überzeugend zu skizzieren, daß nicht nur seine Berichte darüber unmittelbar den Standard setzten, sondern auch seine Methode. In *Sidereus Nuncius* hatte er über die Oberfläche des Mondes geschrieben, daß »der hellere Teil sehr gut die Landoberfläche und der dunklere Teil Meere darstellen könnte. Ich habe nie bezweifelt, daß auch auf unserem Globus aus der Ferne im Sonnenlicht die Landflächen heller und die Wasserflächen dunkler erscheinen würden.« Nach dieser frühen Beobachtung und Spekulation begann er jedoch, sich mit anderen Optionen zu beschäftigen – und ließ diese Vorstellung schließlich fallen. »Ich glaube nicht, daß die Mondoberfläche aus Festland und Wasser besteht«, schrieb er 1616, und einige Jahre später erklärte er, warum: »Wenn es in der Natur nur einen Weg gäbe, daß zwei Oberflächen von der Sonne derart beschienen werden könnten, daß die eine heller als die andere erscheint, dann müßte man [durchaus] sagen, die Mondoberfläche bestehe teils aus Festland, teils aus Wasserflächen. Doch weil es bereits nach unserer Kenntnis mehrere Wege gibt, den gleichen Effekt zu bewirken, und vielleicht noch andere, die wir nicht kennen, möchte ich mich nicht erkühnen zu behaupten, daß eher die eine als die andere auf dem Mond verwirklicht ist.«

Es war zweifellos hilfreich, daß Galilei die besseren Instrumente hatte, aber ebenso, daß er der bessere Beobachter war. Er bestand auf der Unterscheidung von Spekulation und Behauptung, von Hypothese und Theorie. Nach seiner Vorstellung endete der Forschungsprozeß weder mit der Gewißheit der Sinneserfahrung noch mit philosophischen Erörterungen. Vielmehr standen diese beiden Elemente an seinem Anfang, hinzu kam der Verstand, und zum Abschluß bedurfte es der Untersuchung der Alternativen.

So konsequent wie bei seinen Mondbeobachtungen, daraus *keine* Schlußfolgerungen über das Vorhandensein von Meeren dort zu ziehen, war er bezüglich der Venusphasen nicht, die er als Beweis für das kopernikanische Weltbild ansah. Dies war in Wirklichkeit nicht zwingend, denn auch das System von Brahe, das tychonische Weltbild, sagte Venusphasen voraus; selbst Kepler kritisierte Galilei für diesen offenkundigen Schnitzer, obwohl er ihn ansonsten verehrte. Doch Galilei war zu der Einsicht gekommen, daß letztgültige Beweise anhand der jeweils vorhandenen Datenlage nicht immer möglich waren. Manchmal schien es ihm das Beste, was man tun konnte, ein Modell zu konstruieren, das alle vorhandenen Erkenntnisse berücksichtigte, das Modell gründlich zu testen und mit jedem bestandenen Test eher bereit zu sein, es zu akzeptieren. Ob es wirklich Meere auf dem Mond gab, konnte man nicht überprüfen, und so gab er diese Hypothese auf; das kopernikanische Weltbild dagegen konnte getestet werden, und nach Jahren des Prüfens akzeptierte Galilei es.

Damit hatte er noch nicht wirklich die Hypothesen von Kopernikus durch Beobachtung bestätigt, und er hatte überhaupt nichts dazu beigetragen, die Mathematik des kopernikanischen Systems zu bestätigen, aber er *hatte* den Verlauf der Debatte verändert. Während alle um ihn herum darüber debattierten, ob sich ein reiner Mathematiker zu philosophischen Angelegenheiten äußern dürfe, über das Recht eines Gelehrten, den Vorrang einer unbewiesenen persönlichen Interpretation vor überlieferten theologischen Wahrheiten zu fordern – ob Galilei das Recht hatte, den sprichwörtlichen Vorhang zu zerreißen oder nicht –, merkten sie nicht, daß sich ihre Diskussionsgrundlage durch eine stillschweigende Voraussetzung verändert hatte: die Annahme, die sie alle zu Beginn der Debatte akzeptiert hatten, nämlich daß es einen solchen Vorhang überhaupt *gab*.

Galilei *mußte* einfach hinter den Vorhang blicken. Hinter dem undurchsichtigen Vorhang von blindem Glauben – einem Universum, das aufgeteilt war zwischen Himmlischem und Irdischem, zwischen Hier und Dort, Diesseits und Jenseits – lag für ihn die Antwort auf die Frage nach dem Aufbau des Kosmos selbst. Das Fernrohr erlaubte es dem Menschen, mit seinen Sinnen dort umherzustreifen, wo er selbst es nicht konnte. Die Antwort auf die Frage, welches mathematische Modell das Getriebe des Universums am besten beschrieb, war nicht mehr für immer außer Reichweite. Es war greifbar für die, die fragten – und die, die tatsächlich zugriffen. Wer würde nicht einen Vorhang zerreißen, wenn ihm dafür ein Blick auf Gott versprochen wird?

»Oh, Teleskop«, schrieb Kepler, »du Instrument des Wissens, wertvoller als jedes Szepter! Ist nicht der, der dich in seiner Hand hält, König und Herr über die Werke Gottes?« Der schottische Dichter Thomas Seggett stimmte ein in dieses Loblied, rühmte Galilei, daß er Sterbliche zu Göttern mache, indem er verborgene Planeten enthülle, und führte aus, daß zwar Galilei Gott vieles zu verdanken habe, aber auch Jupiter viel Galilei. In Frankreich konnte Königin Maria de' Medici es nicht erwarten, daß ihre Diener ein Fernrohr am Fenster angebracht hatten, und fiel in Gegenwart ihrer Untertanen auf die Knie, um hindurchzusehen, was diese in Erstaunen versetzte und gar erschreckte. Und als Galilei während seiner Audienz beim Papst im April 1610 untertänig vor diesem kniete, befreite ihn Paul V. von dieser Pflicht und forderte ihn auf, sich zu erheben. So etwas war noch nie vorgekommen.

Mit dem Fernrohr war die Menschheit am Ende der geistigen Reise angelangt, die zwei Jahrhunderte zuvor mit der Einführung der Perspektive in die Malerei begonnen hatte. Das Fernrohr stellte sowohl wörtlich als auch im übertragenen Sinn eine Brücke zwischen Himmel und Erde dar. Einst Irdisches war nun zum Himmlischen geworden. Die Erde zog jetzt als ein weiterer Wanderer durchs All, und die einst perfekten Himmel erlitten das gleiche Schicksal wie die Erde. Das Fernrohr einte Mathematik und Philosophie, Astronomie und Physik, Zeugnis der Sinne und Geometrie, Antike und Gegenwart, Schöpfung und Schöpfer. In zwei Jahrhunderten war der Mensch, die kostbarste Schöpfung des Herrn, der Augapfel Gottes, selbst zu Gottes Auge geworden.

»Sie wollen immer noch die Unveränderlichkeit des Himmels verteidigen, eine Ansicht, die vielleicht sogar Aristoteles selbst in unseren Tagen aufgäbe«, schrieb Galilei in den *Briefen über die Sonnenflecken* über die Philosophen und sah damit die Kritik voraus, die er mit seiner Enthüllung, sogar die Sonne sei nicht makellos vollkommen, auslösen würde.

Nun, wenn Veränderung Auslöschung bedeutete, hätten die Peripatetiker [Aristoteles und seine Schüler] tatsächlich einen gewissen Grund zur Beunruhigung; doch weil es sich dabei nur um eine Verwandlung handelt, gibt es keinen Grund für eine so bittere Feindschaft. Es scheint mir unvernünftig, ein Ei der »Verderbtheit« zu bezichtigen, wenn aus ihm ein Küken wird. Außerdem, wenn es auch beim Mond »Vergehen« und »Werden« gibt, warum sollte dies nicht auch beim Himmel der Fall sein? Wenn die kleinen Abweichungen der Erde [von der Makellosigkeit] ihre Existenz nicht in Frage stellen (wenn sie tatsächlich eher Verzierungen als Unvollkommenheiten sind), warum sollte man ähnliches nicht auch den anderen Planeten zubilligen? Warum um den Bestand des Himmels fürchten aufgrund von Veränderungen, die nicht schädlicher sind als diese Abweichungen?

Galilei wußte, warum. »Diese Männer sind ihren seltsamen Schrullen verfallen, so daß sie versuchen, das ganze Weltall mit ihrem winzigen Maßstab auszumessen«, fuhr er fort. »Unser besonderer Haß auf den Tod muß doch nicht dazu führen, daß uns jede Veränderlichkeit abscheulich vorkommt. Warum sollten wir es wünschen, weniger veränderbar zu sein?«

Galilei wurde alt und blind und starb schließlich in der Befürchtung, sein Wissen werde mit ihm untergehen. »Mein Leben schwindet dahin«, sagte er einmal, »und mein Werk ist zum Verfall verurteilt«. Nicht so dagegen die Tatsachen, auf denen sein Werk aufgebaut war. »Das Fernrohr ist sehr nützlich«, hatte er schon früh geschrieben, »und die Planeten der Medici sind tatsächlich Planeten [und keine Fixsterne], und werden es, wie die anderen Planeten, auch immer sein«. Was auch immer er durch sein Fernrohr gesehen hatte, es war da, um dazubleiben. Seine Interpretationen oder Hypothesen, seine Standards, Tests und Schlußfolgerungen mochten keinen Bestand haben, doch die Tatsachen schon. Sie würden ihn überleben, weil sie nicht mit ihm persönlich verbunden waren, sondern mit seinem Instrument. Das Zentrum mathematischer und philosophischer Forschungen – und damit das Zentrum des Universums selbst – hatte sich verschoben, ein für allemal, weg vom Auge des Betrachters.

Teil II

Dimensionen des Weltraums

KAPITEL 3

STERNE UND ZAHLEN

E s war ein schlechter Tag, um die Sonne zu beobachten. Der 7. November 1631 hatte wolkenverhangen begonnen, und das Wetter besserte sich nicht. Seit zwei Tagen regnete es bereits in Paris, und Pierre Gassendi, der bei seinem Teleskop Wache hielt, hatte keinen Grund zur Annahme, daß sich demnächst ein Spalt in den Wolken auftun könnte. Doch kurz vor neun Uhr morgens trat das Unwahrscheinliche doch für einen kurzen Moment ein. Der Regen setzte aus, die Wolken verzogen sich etwas, und die Sonne kam heraus – gerade lange genug, daß er einen kurzen Blick auf das Abbild werfen konnte, das sie auf die weiße Fläche auf einem Tisch im Raum warf. Er beugte sich über das etwa 20 cm große Abbild der Sonnenscheibe und untersuchte es auf Anzeichen des Planeten Merkur. Alles, was er fand, war jedoch nur ein winziger Fleck – möglicherweise ein Sonnenfleck. Auf jeden Fall war er zu klein für Merkur. Als pflichtbewußter Beobachter notierte Gassendi jedoch die Position und Ausdehnung des Flecks – man wußte nie, wozu das einmal gut war – und wartete weiter im Dunkeln ab.

Der bevorstehende Durchgang des Merkur – das Vorüberziehen des Planeten über die Sonnenscheibe, von der Erde aus betrachtet – hatte die Aufmerksamkeit von Astronomen aus ganz Europa auf sich gezogen. Schon in den beiden Jahren zuvor hatte der inzwischen berühmte Astronom Johannes Kepler seine Kollegen dringend gebeten, dieses relativ seltene Himmelsschauspiel zu beobachten, und Gassendi hatte sich darauf vorbereitet wie auf jede andere Beobachtung der Sonne. Er hatte ein kleines Loch in eine Jalousie geschnitten und durch dieses ein Fernrohr positioniert, dann im Raum ein weißes Blatt Papier angebracht, um das Abbild der Sonne aufzufangen. Auf diesem hatte er einen Kreis mit dem erwarteten Durchmesser der Sonnenscheibe eingezeichnet. Den Kreis hatte er mit zwei senkrecht aufeinanderstehenden Geraden in vier Quadranten und beide Durchmesser in 60 gleichgroße Teile aufgeteilt. Nach seinen Berechnungen würde Merkur, sollte er denn zu sehen sein, etwa vier dieser Segmente überstreichen und seinen Weg über die Sonnenscheibe im Verlauf einiger Stunden zurücklegen.

Doch das Wetter spielte nicht richtig mit. Die Sonne hielt sich hinter den Wolken verborgen, kam allerdings noch einige Male kurz zum Vorschein. Als Gassendi beim dritten Aufscheinen die Sonnenscheibe erneut beobachtete, sah er wieder nur den kleinen Fleck wie zuvor. Der Fleck war immer noch zu klein für Merkur, aber er bewegte sich auch zu schnell für einen Sonnenfleck. Gassendi wußte von seinen bisherigen Beobachtungen der Sonnenflecken, daß die Sonne sich einmal in 26 Tagen um ihre eigene Achse dreht, und damit sollte der Weg eines Sonnenflecks während eines Tages etwa vier Segmente auf seiner Zeichnung betragen. Doch dieser »Sonnenfleck« legte diese Entfernung schon in wenigen Stunden zurück.

Als ihm klar wurde, daß das, was er gerade beobachtete, tatsächlich Merkur sein mußte, war es fast zu spät. Es gelang ihm noch eine einzige weitere Messung, und am Ende des Durchgangs blieb ihm nur noch das Staunen über ein Ergebnis, wie ein Kollege es ausdrückte, von »vollkommen paradoxer Winzigkeit«. Gassendi maß, daß der Fleck »kaum zwei Drittel eines Segments« im Durchmesser ausmachte – gerade einmal ein Sechstel des erwarteten Durchmessers.

Der Merkurdurchgang von 1631 lehrte die wenigen, die in ihm eine Gelegenheit zur Demonstration weiterer Verwendungszwecke des Fernrohres erkannten, zweierlei. Erstens ergab sich die klare Notwendigkeit, bei astronomischen Beobachtungen überhaupt Fernrohre einzusetzen. In Keplers veröffentlichten Aufrufen, den Durchgang zu beobachten, hatte es den Anschein, als könne man das Phänomen mit oder ohne Fernrohr etwa gleich gut beobachten, doch diejenigen, die ihn hier beim Wort nahmen und eine Beobachtung mit bloßem Auge versuchten, sahen nichts.

Zweitens zeigte sich die Notwendigkeit einer größeren Genauigkeit bei astronomischen Beobachtungen. Wie sich herausstellte, konnten noch nicht einmal die Fernrohrbenutzer wissen, was oder auch nur wann etwas zu beobachten sein würde. Kepler hatte den Durchgang für den 7. November vorhergesagt, jedoch empfohlen, sicherheitshalber bereits am 6. zu beginnen und bis zum 8. auszuharren. Gassendi ging kein Risiko ein – er kannte sich aus mit der Zuverlässigkeit zeitgenössischer astronomischer Vorhersagen – und begann mit seiner Beobachtung bereits am 5. Letztendlich war das Ereignis *tatsächlich* am 7. eingetreten; so weit war die Astronomie also immerhin schon. Doch seine Ergebnisse wichen derart von den allgemeinen Erwartungen ab, daß ein Kollege Gassendi vor der Publikation seiner Beobachtungen ein Jahr später warnte, daß die Kritiker »daran zweifeln werden, ob Ihr tatsächlich Merkur gesehen habt«.

Der Kollege hatte recht. Gassendis an völliges Unverständnis grenzendes Erstaunen wurde von Astronomen überall in Europa geteilt. »Tatsächlich«, schrieb einer von seinen Anhängern, »stehen wir oft unter dem Einfluß von Vorurteilen, so daß wir entweder unseren eigenen Augen nicht trauen, oder unsere Einschätzung aufgrund der perversen Gewohnheit der menschlichen Natur so weit wie möglich unserer vorgefaßten Meinung anpassen. Auch ich selbst schließe mich von dieser Schwäche nicht aus; wäre es mir gelungen, Merkur zu beobachten, hätte ich das gleiche gedacht.« Erst acht Jahre später gelang es einem weiteren

Astronomen, der den Durchgang der Venus beobachtete – und fand, daß der scheinbare Durchmesser dieses Planeten weniger als ein Drittel des erwarteten Wertes betrug –, die Frage zu klären, was Gassendi im November 1631 tatsächlich beobachtet hatte: »Gratuliert uns, Gassendi, daß wir Eure Beobachtung des Merkur vom Zweifel befreit haben und daß Astronomen nun nicht mehr die überraschende Kleinheit des kleinsten Planeten in Frage stellen, jetzt, wo sie erkennen, daß auch der größte und hellste ihn kaum [an Größe] übertrifft. Merkur mag seinen Verlust wohl verschmerzen, denn der Verlust, den Venus zu tragen hat, ist größer.«

Bei dem Unterschied ging es um ganze Größenordnungen. Die Planetengrößen, die die Astronomen erwarteten, basierten auf dem mathematischen Kosmos des Ptolemäus; der Maßstab, den sie für das gesamte Universum zugrunde legten, hatte sich seit weit über tausend Jahren nicht verändert. Nun zeigte sich, daß diese Dimensionen nicht mehr länger brauchbar waren und neue erforderlich wurden – Dimensionen für das kopernikanische Universum mit Aussagen über die Größe der Planeten, ihre Entfernung zur Sonne und darüber, wie weit entfernt die Sterne waren.

Der Wunsch nach mehr Präzision hatte schon die großen Astronomen des vorherigen Jahrhunderts, Kopernikus und Brahe, getrieben, die aus Enttäuschung über Ptolemäus' unkorrekte Angaben tätig geworden waren. Beide hatten brillante Erfolge zu verzeichnen, der eine, indem er den Kosmos in mathematische Formeln faßte, der andere auf dem Gebiet der qualitativen Beobachtung, und beide mit weit größerer Präzision als je zuvor. Doch bereits ihre Resultate waren nicht mehr gut genug und mußten verbessert werden. Für die neue Generation von Astronomen, die es als ihre Aufgabe ansah, die Beobachtungen der Vergangenheit zu korrigieren und zu ergänzen, war der Unterschied zwischen ihnen und ihren Vorgängern bis zurück zu den alten

Griechen einfach: Im Gegensatz zu diesen konnten sie sich jetzt auf das Fernrohr verlassen.

Konnten sie das wirklich? In den ersten Jahrzehnten, nachdem Galilei die astronomischen Anwendungen seines *perspicillum* verkündet hatte, war das Fernrohr im wesentlichen unverändert geblieben, und auch der Einsatzbereich hatte sich kaum erweitert. Tatsächlich beobachteten die meisten Astronomen den Himmel auch weiterhin *nicht* mit dem Fernrohr. Das Fernrohr wurde als nützliches Instrument zur Befriedigung der eigenen Neugierde angesehen – man konnte selbst die Beobachtungen Galileis überprüfen –, oder um seltene Himmelsereignisse wie Sonnen- oder Mondfinsternisse oder die Durchgänge von Merkur und Venus zu beobachten, doch während der ersten Jahrzehnte blieb das Fernrohr weit überwiegend ein Instrument für irdische Belange und erfüllte genau diejenigen Aufgaben im Bereich von Seefahrt und Militär, für die Galilei und die anderen frühen Meister des wundersamen neuen Instruments so überzeugend vor den verschiedensten Generalständen und Senaten zu werben gewußt hatten.

Schuld daran war einerseits, daß die sogenannte Holländische oder Galileische Anordnung der Linsen natürliche Grenzen aufwies, an die Galilei und die anderen frühen Benutzer von Fernrohren schnell gestoßen waren. Zwar schien das Instrument entfernte Objekte näher und näher zu bringen, doch damit wurde auch das Sichtfeld immer kleiner. Schließlich schrumpfte das Sichtfeld derart, daß eine weitere Vergrößerung nicht mehr sinnvoll war. Dieser Punkt wurde bei einer etwa 20fachen Vergrößerung erreicht – hier war gerade einmal ein Viertel der Mondoberfläche auf einmal zu erkennen, vielleicht auch noch alle vier Monde von Jupiter. So weit war Galilei aber schon gekommen, bevor er *Sidereus Nuncius* geschrieben hatte.

Die Linsen selbst bildeten ein weiteres Problem: Fabrikationsfehler in den Gläsern, Verzerrungen (insbesondere an den Rändern eines vergrößerten Objekts) und Farbränder. Durch bessere Schlifftechniken und Methoden der Glasherstellung konnten die Luftblasen und Kratzer zwar verringert, aber immer noch nicht völlig vermieden werden. Die Einführung einer Lochblende, wie sie Galilei bei der Beobachtung der Jupitermonde benutzt hatte, verringerte die Verzerrungen etwas. Gegen die Farbränder schien jedoch nichts zu helfen.

Auf der Erde störten diese Unvollkommenheiten nicht so sehr. In der Regel war der Betrachter in der Lage, im Zweifel selber nachzuschauen, was tatsächlich vorhanden und was ein vom Fernrohr erzeugtes Artefakt war. Beim Beobachten von Himmelskörpern bestand diese Möglichkeit jedoch nicht. Zum Beispiel bei Saturn: Bei seinen ersten Beobachtungen des sonnenfernsten der damals bekannten Planeten fand Galilei ihn merkwürdig »aus drei Teilen bestehend« – drei in einer geraden Linie stehende Sterne, der größte in der Mitte, und alle drei sich fast berührend –, doch als er die Beobachtung nach zwei Jahren wiederholte, entdeckte er nur noch einen Himmelskörper. »Hat Saturn seine Kinder gefressen?«, schrieb er verwirrt, gar zornig. »Oder war es tatsächlich eine Illusion, ein Trug, mit dem mich die Linsen meines Fernrohrs so lange narrten?«

Die Beschränkungen waren jedoch nicht nur mechanischer Natur. Lange Zeit suchten die Astronomen einfach kaum mehr nach neuen Phänomenen. Galilei schrieb einmal kurz nach seinen ersten Untersuchungen mit dem Fernrohr, als er den Neid eines Rivalen spürte: »Die Entdeckung sämtlicher neuen Phänomene am Himmel wurde allein mir zugeschrieben und niemandem sonst. Dies ist die Wahrheit, die weder List noch Neid unterdrücken können.« Und Galileis Wort galt etwas. 1658 – ein halbes Jahrhundert nachdem Hans Lipperhey ein Patent beantragt hatte für »ein gewisses Instrument, um in die Ferne zu sehen«, und 15 Jahre nach Galileis Tod – schrieb Christopher Wren, daß, als Galilei zum erstenmal ein Fernrohr in den Himmel richtete, »alle himmlischen Rätsel sich ihm sogleich erschlossen. Seine Nachfolger neiden ihm dies, weil sie glauben, daß kaum noch andere neue Welten übrig sind.« Selbst wenn von Zeit zu Zeit neue Welten auftauchten – Monde des Saturn oder Strukturen auf Jupiter und Mars, die sie so gut wie »neu« machten –, änderten die Astronomen nicht ihre grundlegenden Erwartungen. Auch hier hatte Galilei dazu beigetragen, die Maßstäbe zu setzen. Als er gegen Ende seines Lebens erfuhr, daß ein anderer Astronom mehr Details auf der Mondoberfläche entdeckt hatte als er selbst, war seine Antwort brüsk und ablehnend: »Sicherlich gibt es noch endlos viele Unebenheiten, aber es handelt sich um die gleichen, die wir gesehen haben; sie sind durch die stärkere Vergrößerung höchstens besser sichtbar.«

Es handelte sich also um quantitative, nicht um qualitative Verbesserungen. Vor *Sidereus Nuncius* mußten alle anderen neuen Himmelsphänomene verblassen. Selbst ohne den Geist Galileis, der im stillen Entmutigung verbreitete, mußten spätere Astronomen es schwierig finden, Entdeckungen als *wirklich* neu zu empfinden, solange sie nicht ebenso großartig waren wie die von 1610: Denn dies waren nicht nur einfach »erstaunliche Entdeckungen« gewesen, sondern vollkommen unerwartete, schockierende, sphärenzerschmetternde, nahezu göttliche Offenbarungen.

Gewiß hatte das Fernrohr die Methoden der Neuen Philosophie, wie ihre Adepten sie inzwischen nannten, mittlerweile eindrucksvoll bestätigt. Als das erste Instrument überhaupt, das einen der menschlichen Sinne erweiterte, hatte das Fernrohr auf dramatische Weise die Möglichkeiten aufgezeigt, die sich eröffneten, wenn man sein Glück »nicht in alten Büchern, sondern in genauen Beobachtungen und persönlicher Hingabe sucht«, wie Galilei geschrieben hatte. »Niemand wird zum Philosophen, indem er sich über die Schriften anderer seinen Kopf zerbricht.« »Das eigentliche Objekt der Philosophie« sei vielmehr, wie er glaubte, »das große Buch der Natur« – das Zeugnis der Sinne. Es waren natürlich Aussagen wie diese, für die er vor der Inquisition hinknien und die Schlußfolgerungen, die er aus Tatsachen gezogen hatte, widerrufen mußte, doch da war es bereits zu spät. Wie Galilei, der sich selbst als philosophierenden Mathematiker sah, bestanden die Neuen Philosophen auf dem Einebnen des Grabens zwischen Theorie und Praxis, zwischen der Natur und der Bedeutung von Erscheinungen. Die Neuen Philosophen leiteten ihre Schlußfolgerungen aus der Natur ab, und so nannten sie sich selbst Naturphilosophen (im Gegensatz zu den Moralphilosophen); ihr Motto war das gleiche, das auch das Wappen der Royal Society schmückt, einer der ersten einer schnell wachsenden Zahl von Organisationen, die sich ausschließlich dem Ideenaustausch zwischen Naturphilosophen widmeten: *Nullius in verba* – »*[Glaube] an niemandes Wort [, sondern nur an naturwissenschaftliche Beweise]*«.

Von der Astronomie ausgehend hatten die Ideen der Neuen Philosophie auch eine ganze Reihe neu entstandener Wissenschaftszweige erfaßt, denen die intensive Untersuchung scheinbar vertrauter Objekte ebenfalls besonders vielversprechend schien: Botanik, Geographie, Geologie, Mineralogie, Zoologie, Physiologie, Pharmakologie. »Ich lerne und lehre Anatomie nicht aus Büchern, sondern von Autopsien«, schrieb William Harvey 1628, »entscheidend sind nicht die Standpunkte der Philosophen, sondern das Wesen *[fabric]* der Natur«. Und ebenso wie gerade das Fernrohr eine geheimnisvolle neue Ordnung des Kosmos enthüllt hatte, zeigte das Mikroskop die ebenso hochentwickelte und umfangreiche Welt des Mikrokosmos. Francis Bacon schrieb im Vorwort zu seinem 1620 erschienenen Buch *Novum Organon*, einem Aufruf für die Neue Philosophie: »Unsere einzige verbleibende Hoffnung und Rettung ist es, die gesamte [bisher in der Geschichte geleistete] Arbeit des Geistes noch einmal zu beginnen und sie [diesmal] nicht sich selbst zu überlassen, sondern sie vom ersten Moment an ständig zu lenken, und [damit] unser Ziel [so sicher] zu erreichen wie mit mechanischer Hilfe.«

Doch trotz all dieser Entwicklungen hatte das Fernrohr auch in der Astronomie selbst nach der ersten Serie von Entdeckungen über die symbolische Bedeutung hinaus nur wenig Wertschätzung gefunden. Zwar hatte es durch die Aufdeckung von Unterschieden zwischen alten und neuen Beobachtungen – dem mit bloßem Auge gesehenen und dem durch das Fernrohr betrachteten All – das Verlangen nach mehr Wissen und weiteren Enthüllungen geweckt, doch hatte es nichts zu der Annahme beigetragen, es selbst könne der Schlüssel zur Befriedigung dieser Bedürfnisse sein. Das Galileische Fernrohr hatte rasch die ihm eigenen Grenzen erreicht, und steckte, so sah es aus, in einer Sackgasse.

Bereits im Jahre 1611 hatte Johannes Kepler in seiner Schrift *Dioptrice* (»Dioptrik«) – der ersten optischen Fachveröffentlichung, die vom Fernrohr beeinflußt war – eine Veränderung vorgeschlagen, von der er sich eine Verbesserung des geringen Sichtfelds der ersten Fernrohre versprach. In der ursprünglichen holländischen Version des Fernrohrs, so erklärte er, fokussierten die Lichtstrahlen, die die Objektivlinse passierten, erst *hinter* dem Okular und damit außerhalb des Rohres, in der Nähe des Auges des Betrachters. Kepler schlug vor, das Okular weiter nach hinten zu verlegen, so daß der Brennpunkt der Linse innerhalb des Fernrohres zu liegen kam, und die konkave Okularlinse durch eine konvexe zu ersetzen, sie damit also in ein Vergrößerungsglas zu verwandeln. Die konvexe Objektivlinse solle ruhig das Bild wie bisher vergrößern, schlug er vor; eine konvexe Okularlinse würde das Bild dann eben *noch stärker* vergrößern.

Das funktionierte. Das Keplersche Fernrohr bot ein sehr viel größeres Blickfeld. Aber es stellte das Bild auf den Kopf, weil die Lichtstrahlen nur eine einzige Linse passierten. 1645 berichtete ein Kapuzinermönch in einem Buch von einer Abänderung an Keplers Fernrohr, bei der sich noch zusätzliche Linsen im Inneren der Röhre befanden, um das Bild wieder richtig herum zu drehen. Zur Beobachtung des Himmels war eine solche Konstruktion natürlich nutzlos; überdies schluckten die zusätzlichen Linsen zu viel Licht und verstärkten die ohnehin störenden Verzerrungen. Für den irdischen Gebrauch stellte die Konstruktion dagegen eine bedeutsame Verbesserung dar. Ein Galileisches Fernrohr mochte aus knapp 500 Metern Entfernung einen etwa zwei Meter breiten Bildausschnitt ermöglichen; jetzt war es nach Angaben auf der Preisliste eines der führenden Optiker jener Tage möglich, »eine ganze Armee von 7–8000 Mann mit einem Blick deutlich zu sehen und zu unterscheiden«. Das Keplersche Fernrohr mit seinen internen Linsen war ideal dazu geeignet, *das* Beobachtungsinstrument für irdische Anwendungen zu werden – und wurde es auch.

Für astronomische Anwendungen folgte bald das Teleskop. In seiner ursprünglichen Form, bei der das vergrößerte Bild auf den Kopf gestellt wurde, hatte das Keplersche Fernrohr wenig Freunde unter den Astronomen gewonnen. Mit Ausnahme der Untersuchung der Sonnenflecken – wobei das Fernrohr das Abbild der Sonne auf ein Blatt Papier warf, das gedreht werden konnte, womit das Bild wieder »aufrecht« stand – wurde es von den meisten Astronomen ignoriert. Das Fernrohr für den terrestrischen Gebrauch stellte mit seinem großen Sichtfeld jedoch allmählich eine starke Verlockung dar, und die Astronomen fanden bald heraus, daß sie einfach durch Herausnehmen der zusätzlichen internen Linsen den Lichtverlust und die Verzerrungen verringern konnten und dennoch das vergrößerte Sichtfeld behielten.

Damit war das Teleskop in der Welt – nach genau dem gleichen Konstruktionsprinzip, das Kepler in *Dioptrice* über 30 Jahre zuvor veröffentlicht hatte: ein konvexes Objektiv, ein konvexes Okular. Das Bild stand auf dem Kopf, und sonst fehlte nichts daran. Was sich verändert hatte, war also gar nicht das Instrument, sondern die natürliche Abneigung der Astronomen war verschwunden, auf dem Kopf stehende Bilder zu betrachten: Erst als ein Fernrohrhersteller aus Neapel, Francesco Fontana, berichtet hatte, er habe mit Hilfe Keplerscher Fernrohre bereits um 1640 Bänder und Zonen auf dem Jupiter und Muster auf der Marsoberfläche beobachtet, dämmerte es den Astronomen allmählich, daß es beim Betrachten eines Sternenfeldes oder der Oberfläche eines Planeten gar nicht so darauf ankam, wo im Blickfeld oben und unten war.

Schon die Idee, ein astronomisches Teleskop zu konstruieren – sogar die bloße Vorstellung, es könne ein Fernrohr geben, das nur astronomischen Zwecken dient –, war wieder etwas Neues. Doch im Gegensatz zu dem Galileischen Modell wies das Keplersche Teleskop noch breiten Spielraum für Verbesserungen des Vergrößerungsfaktors auf, bevor die Grenzen des sehr viel größeren Sichtfeldes erreicht wurden. Optiker und Astronomen beschäftigten sich nunmehr systematisch mit der Funktionsweise von Linsen, denn noch bevor sie entschieden, was sie mit ihrem neuen Teleskop anfangen wollten, mußten sie sich darüber klar werden, wozu es theoretisch überhaupt in der Lage war.

Der Schlüssel zu stärkeren Vergrößerungsfaktoren lag, wie sie wußten, im Verhältnis der Brennweiten der beiden Linsen in der Röhre, und der Schlüssel *hierzu* lag insbesondere in der Wölbung der Objektivlinse, die das Licht in der Röhre sammelte. Je größer die Wölbung der Linsenoberfläche, desto größer die Brechung des einfallenden Lichts und umgekehrt: Je kleiner die Wölbung, desto weiter entfernt liegt der Brennpunkt. Schließlich schneiden sich die Strahlen gar nicht mehr.

Bekannt war aber auch, daß die Störeffekte, die die Astronomen so plagten, wie Verzerrungen (die sogenannte sphärische Aberration) und Farbränder (die chromatische Aberration) ebenfalls mit der Stärke der Wölbung zusammenhingen – je geringer die Wölbung, desto geringer diese Störungen, und die einzige Linsenform, die die meisten Optiker damals ohne besondere Fertigkeiten schleifen konnten, waren eben sphärische Linsen. Ihre einzige Hoffnung bestand darin, die Störungen dadurch zu verringern, daß sie schwächer und schwächer gekrümmte Linsen schliffen. Damit wurden aber auch die Brennweiten immer größer, und die Teleskope länger und länger.

1,80–2,40 m – das war die Länge eines guten Teleskops im Jahre 1645. Fünf Jahre später waren es schon 3–4,50 m, und zehn Jahre später 12–15 m. 1673 hatte Johannes Hevelius an der Ostseeküste bei Danzig ein 45,70 m langes Teleskop errichtet, das zu lang war, als daß man es mit Metallröhren hätte bauen können, weshalb er eine hölzerne Röhre verwendete. Schließlich ließ Christiaan Huygens die Röhre einfach weg. Das Ergebnis war das Luftfernrohr, ein röhrenloses Wunderding, das aus einem konvexen Okularstück bestand, welches auf eine hölzerne Unterlage montiert war, und oben, am Ende eines gespannten Taus, an der Spitze eines Mastes, am Ende eines Systems von Seilzügen, Gewichten und Winden nebst einigen Männern, die es bedienten, einer einfachen Konvexlinse. Und warum es dabei bewenden lassen? Ein Astronom freute sich bereits auf den Tag, an dem Luftfernrohre eine Brennweite von 300 m hätten, mit denen der menschliche Beobachter die Kapriolen der Tiere auf dem Mond würde beobachten können.

Diese Art von Teleskopen stellte sich aber bald als äußerst unpraktisch heraus. Bei Hevelius' Modell verzog sich das Holz, die Länge der Seile veränderte sich mit jedem Schwanken der Luftfeuchtigkeit, und die ganze Konstruktion erzitterte beim leisesten Lufthauch. Bei dem Luftfernrohr verwischte Streulicht rasch die Sicht. Bei beiden Modellen konnte es den größten Teil der Nacht in Anspruch nehmen, Okular und das mehr als 30 Meter entfernte Objektiv aufeinander einzustellen, wodurch wertvolle Beobachtungszeit vergeudet wurde. Ab einer bestimmten Länge erwies sich das Teleskop – mit oder ohne Röhre – eher als Jahrmarktattraktion denn als Instrument zur wissenschaftlichen Erforschung des Weltalls. Von gelegentlichen bemerkenswerten Ausnahmen abgesehen stammte das neue Wissen über die Himmelskörper daher auch von Teleskopen bescheidenerer Länge von gewöhnlich nicht mehr als 9 bis 12 m.

1655 entdeckte Huygens mit einem 3,60 m langen Fernrohr mit 50facher Vergrößerung einen Saturnmond, den er Titan nannte. Im nächsten Jahr baute er ein 7 m langes Modell mit 100facher Vergrößerung und löste das Geheimnis um das rätselhafte Aussehen des Saturn: »Er ist umgeben von einem dünnen, flachen Ring, der den Planeten nirgendwo berührt.« Giovanni Domenico Cassini, ein italienischer Astronom, fand Schatten der Jupitermonde auf der sonnenerleuchteten Oberfläche des Planeten; er untersuchte Strukturen auf der Oberfläche von Jupiter, Mars und Venus und leitete aus deren Beobachtungen ab, daß sich diese Planeten wie die Erde um sich selbst drehen mußten. 1669 nahm Cassini eine Einladung an das Observatorium von Paris an, wo er einen alten Wasserturm für seine Teleskope umbauen ließ – mit einer Treppe bis zum Dach und einem Geländer, damit seine Assistenten nicht herunterfielen. Im Verlauf der nächsten 20 Jahre entdeckte er vier weitere Trabanten Saturns, und zwar mit Teleskopen von 5,20 m, 10,40 m, 30,50 m und (bei einem Luftfernrohr-Modell) 41,50 m Länge. Weiterhin fand er heraus, daß der Ring um den Planeten in Wirklichkeit aus *zwei* Ringen bestand, einem inneren und einem äußeren, die voneinander durch einen Zwischenraum getrennt waren.

Ein weiteres Mal schien das Teleskop die Grenzen seiner Leistungsfähigkeit erreicht zu haben. Tatsächlich waren schon eine ganze Weile keine neuen Himmelskörper mehr entdeckt worden. In den ersten beiden Jahrzehnten des Einsatzes als astronomisches Teleskop hatte das Keplersche Fernrohr dagegen zur Entdeckung einer Unzahl neuer Himmelsphänomene beigetragen, von denen jedes einzelne, wäre es 1610 und von Galilei entdeckt worden, *Sidereus Nuncius* einen Platz in der Geschichte verschafft hätte. Doch nun stieß auch das Keplersche Fernrohr, ebenso wie zuvor das Galileische, an technologische Grenzen. Zumindest, was die Fähigkeit zur Entdeckung von Objekten im All betraf.

Es zeigte sich jedoch, daß das Keplersche Teleskop noch einen weiteren deutlichen Konstruktionsvorteil gegenüber dem Galileischen Modell aufwies, der allerdings weit weniger augenfällig war als das vergrößerte Sichtfeld oder gar die noch subtileren Verringerungen der chromatischen und sphärischen Aberrationen. 1659 ging Christiaan Huygens in *Systema Saturnium*, dem gleichen Artikel, in dem er vermutete, daß Saturn von einem Ring umgeben sei, auf eine weitere interessante Eigenschaft des Keplerschen Fernrohrs ein, die bisher unbemerkt geblieben war: Weil sich der Brennpunkt für die Lichtstrahlen innerhalb des Instruments befindet und nicht außerhalb, ist ein Gegenstand, der sich innerhalb des Tubus befindet, ebenso deutlich erkennbar wie das Objekt selbst. Installiert man daher eine Meßapparatur in der Röhre, kann man damit die relative Entfernung zweier Punkte des Bildes festlegen – und so den relativen Durchmesser eines Planeten oder die Entfernung zwischen mehreren Himmelskörpern.

Nicht Huygens war diese Eigenschaft als erstem aufgefallen. Bereits 20 Jahre zuvor hatte ein britischer Astronom namens William Gascoigne ein Spinnennetz in seinem Keplerschen Teleskop entdeckt und festgestellt, daß das Gespinst genauso klar und scharf abgebildet wurde wie die Himmelskörper – eine Beobachtung, die er beinahe bei seinem Tod am 2. Juli 1644 in der Schlacht von Marston Moor mit ins Grab nahm (und die nur deshalb bekannt wurde, weil sich ein Freund an die Geschichte erinnerte, nachdem er Huygens' Bericht gelesen hatte). Gascoigne hatte Haare oder dünne Metallstreifen benutzt, Huygens eine Kupfernadel, und 1666 führte der französische Astronom Adrien Auzout zwei parallele Drähte ein, einer davon feststehend, der andere mittels einer fein justierbaren Stellschraube beweglich. Alle drei dieser Mikrometer bewirkten das gleiche: Zum erstenmal konnten Astronomen präzise quantitative Messungen durchführen.

Von zwei parallelen Drähten war es nur noch ein kleiner Schritt zu zwei Drähten, die sich im rechten Winkel schneiden, dem Fadenkreuz des Teleskops, das von Jean Picard im Jahre 1667 eingeführt wurde. Während das Fadenkreuz den Astronomen Messungen innerhalb des Instruments selbst ermöglichte, konnte es auch zusammen mit externen Meßinstrumenten verwendet werden, zum Beispiel einer Mikrometerschraube. Verbindet man dann ein solches Okular-Fadenmikrometer mit einem dieser riesigen Instrumente, die kleine Winkel am Himmel bestimmen können – etwa einem Quadranten –, so kann man die Koordinaten eines Gestirns an der Himmelskuppel ebenso präzise festlegen wie die Länge oder Breite jedes beliebigen Punktes auf der Erdoberfläche.

Es ging fortan um Größen und Entfernungen: Die Messungen, die das Okular-Fadenmikrometer ermöglichte, konnten nun mit den Kenntnissen der Geometrie und Trigonometrie kombiniert werden und schließlich auf den langen Weg zur Beantwortung der zentralen Fragen der Astronomie führen – der gleichen Fragen, die Pierre Gassendi 1631 zur Beobachtung des Merkurdurchgangs bewogen hatten, und die die Betrachter des Nachthimmels seit Anbeginn der Zeit schon immer gestellt hatten: Wie groß ist das All? Wie weit ist es zu den Sternen?

Trotz der sich abzeichnenden technologischen Grenzen hatte man die Hoffnung nicht aufgegeben, daß das Teleskop auch weiterhin bei der Beantwortung dieser Fragen nützlich sein könnte. In den 1670er Jahren machten sich zwei große Astronomen mit dem gleichen Ziel daran, den Nachthimmel zu untersuchen: Sie wollten die bislang präzisesten Angaben aus der präteleskopischen Ära weiter verbessern. Einer der beiden verwendete Instrumente mit den neuesten technologischen Errungenschaften des

Okular-Fadenmikrometers, der andere nicht. Ihre unterschiedliche Vorgehensweise und die sich anschließende öffentliche Debatte über ihre Strategien halfen einzuschätzen, ob das Teleskop den Übergang von einem rein qualitativen Instrument – das einfach zeigte, was »da draußen« vorhanden war, so erstaunlich es auch sein mochte – zu einem quantitativen Meßinstrument schaffen würde.

Ein Jahrhundert zuvor hatte der König von Dänemark dem Astronomen Tycho Brahe die kleine Insel Hven im Øresund und eine Tonne Gold zur Verfügung gestellt, damit dieser das beste Observatorium seiner Zeit errichten konnte. Im Verlauf mehrerer Jahrzehnte sammelte Brahe dann die empfindlichsten astronomischen Instrumente, die je gebaut worden waren, auf seiner Insel, die er Uraniborg getauft hatte (ein griechisch-dänisches Kunstwort, das »Stadt des Himmels« bedeutete). Er entwickelte einen neuen Beobachtungsansatz, indem er die Himmelskörper während ganzer Zyklen beobachtete und vermaß, während bisher eher punktuelle Beobachtungen zu außergewöhnlichen Anlässen wie Eklipsen und Konjunktionen üblich waren. Viele dieser Beobachtungen wiederholte er über Jahre und Jahrzehnte, manche bis zu siebenmal. Außerdem verfügte er über ein überdurchschnittliches Sehvermögen. Damit hatte er bald die alten Beobachtungen um das 50fache verbessert. Nun machte sich eine neue Generation von Forschern daran, auch *diese* Ergebnisse weiter zu verbessern.

»Uns ist zu Ohren gekommen, daß der gefeierte Johannes Hevelius nunmehr damit begonnen hat, die Fixsterne erneut zu vermessen«, schrieb der britische Astronom John Flamsteed im Juli 1673, »doch angesichts dessen, daß er bekannt dafür ist, auch Beobachtungen ohne Fernrohr zu verwenden, ist es zweifelhaft, ob wir von ihm sehr viel korrektere Resultate bekommen werden, als sie uns Tycho hinterlassen hat, höchstens dort, wo dieser sich sehr stark irrte«.

Diese Worte verletzten Hevelius. Nicht nur stellte einer der führenden Astronomen der jüngeren Generation seine Methoden in Frage, sondern dies geschah auch noch in den *Philosophical Transactions*, dem offiziellen Organ der Londoner Royal Society, der angesehensten und einflußreichsten Vereinigung von Wissenschaftlern ihrer Zeit. Hevelius antwortete schriftlich und ausführlich, verteidigte die Genauigkeit seiner Beobachtungen und bot an, seine Messungen unter Beweis zu stellen. Noch vor dem Ende des Jahrzehnts entsandte daraufhin die Royal Society den jungen Edmond Halley, den sogenannten Brahe des Südens, der den Himmel der südlichen Hemisphäre (mit Hilfe von Fadenmikrometer-Einrichtungen) katalogisiert hatte, zu einem Besuch bei dem älteren Hevelius nach Danzig. »Ich versichere Ihnen, ich war überrascht, daß ich so weitgehend mit ihm übereinstimme«, schrieb Halley im Juni 1679 an Flamsteed, nachdem er seine eigenen Ergebnisse mit denen von Hevelius verglichen hatte. »Ich wage es nicht mehr, an seiner Wahrhaftigkeit zu zweifeln.«

Schließlich ließen sich Meinungsverschiedenheiten aber doch nicht mehr überdecken, und der Besuch endete mit gegenseitigen Beschimpfungen und Beleidigungen. Halley bezeichnete Hevelius als »alten Griesgram, der es einfach nicht glauben will, daß seine Leistungen noch verbessert werden können«. In einer gewissen Weise handelte es sich hier um einen Konflikt zwischen einer Astronomengeneration und der nachfolgenden. Und dennoch war hier mehr im Spiel als ein Generationenkonflikt oder besondere Dickschädeligkeit.

Hevelius war kein Anfänger. Im Verlauf der vergangenen vierzig Jahre hatte er in Danzig das eine Weile lang führende Observatorium der Welt aufgebaut. Er hatte in einem kleinen Raum angefangen, ein Türmchen mit Dach hinzugefügt und dann eine knapp 140 m² große Plattform gebaut, die zwei Kuppeln tragen konnte, von denen eine drehbar gelagert war. Seine 1647 veröffentlichte Schrift *Selenographia* war der erste Mondatlas. Damit hatte er für einige Jahrzehnte den Standard für die Darstellung von Himmelsbeobachtungen vorgegeben sowie ein überaus detailliertes, verschwenderisch illustriertes Nachschlagewerk über Linsen, Drehgestelle, Glasqualitäten, Linsenkombinationen, Röhrenkonstruktionen und Blenden vorgelegt. Das Werk diente für Gelehrte wie für Laienforscher als wichtigste Einführung in die Gebiete des Fernrohrbaus, der Aufstellung und Montierung. Das Problem für Flamsteed, Halley und die anderen war, daß Hevelius zwar einer der angesehensten Himmelsbeobachter in der noch jungen Geschichte des Teleskops war, einer der erfahrensten und innovativsten, doch wenn es um quantitative Aussagen ging, bevorzugte er *immer noch* den Blick mit dem bloßen Auge.

Denn während seiner langen Berufspraxis hatte Hevelius auch die trügerischen Seiten des neuen Instruments kennengelernt. 1647 hatte er in *Selenographia* die Existenz zahlreicher neuer Trabanten um Jupiter, Mars und Saturn widerlegt, die kurz zuvor von dem gleichen Kapuzinermönch »entdeckt« worden waren, der das Keplersche Fernrohr mit Bildumkehr für irdische Verwendungszwecke eingeführt hatte, und die von Francesco Fontana »bestätigt« worden waren. Im gleichen Werk jedoch machte Hevelius selbst manche Schnitzer; so behauptete er zum Beispiel, Fixsterne als Kugeln gesehen zu haben, oder er illustrierte die Phasen des Merkur falsch – beides aufgrund von Phantombildern in seinem Teleskop. Darüber hinaus veröffentlichte er in der nachfolgenden Dekade seine von Illustrationen begleitete Schlußfolgerung, daß Saturn eiförmig sei und daran zwei henkelartige Bogen befestigt seien. Als Huygens einige Jahre später seine eigene Ringhypothese für Saturn veröffentlichte, schrieb Hevelius an einen Kollegen: »Glaubt Huygens etwa, ich und andere könnten nicht zwischen Sphäre und Ellipse unterscheiden? Nein, beim Herkules!«

Für Hevelius waren Erfahrungen wie diese Grund genug, bei der anspruchsvollsten und schwierigsten Beobachtungsserie seines Lebens *nicht* auf das Teleskop zu vertrauen. Für seine jüngeren Kollegen zeigten aber gerade diese Experimente, wie wichtig es war, daß Beobachtungen unabhängig überprüft werden konnten. Sie alle, Hevelius eingeschlossen, gehörten noch zur ersten Forschergeneration im Zeitalter des Teleskops. Ihnen allen war bewußt, daß das Teleskop nicht nur eine neue Technik der Himmelserkundung gebracht hatte, sondern eine neue Technik des Forschens überhaupt – eine Neue Philosophie, die mehr Wert auf die eigene Beobachtung legte als auf althergebrachte Autoritäten – »Nicht durch Worte, sondern durch Taten«, lautete ihr Leitspruch. Der Unterschied beider Generationen lag in der Einschätzung, welche Art von »Taten« am besten geeignet war. »Ich bevorzuge das bloße Auge«, hatte Hevelius sogar einmal auf eine Titelseite geschrieben, doch seine Rivalen bevorzugten Messungen, die für die Nachwelt reproduzierbar und beurteilbar waren.

Aristoteles hatte noch auf das »Zeugnis der Sinne« vertraut. Galilei verließ sich auf das »Zeugnis« des ersten Instruments, das in der Lage war, einen der menschlichen Sinne zu erweitern. Nun machte eine neue Generation von Astronomen eine weitere Unterscheidung: Selbst wenn die Beobachtungen Hevelius' mit bloßem Auge noch besser sein sollten als sogar die des großen Tycho Brahe, waren sie doch immer noch menschlich. Die Astronomie verlangte nach einem Standard, der gerade dies eben nicht war. Die neue Generation der Astronomen vertraute dem Zeugnis des Teleskops, aber sie vertraute ihm um so mehr, wenn die Ergebnisse nicht von der Interpretation durch den Beobachter abhingen, wenn das Zeugnis nicht von der höheren Macht einer antiken Autorität oder gar Gottes, sondern von der höheren Macht der Natur selbst abhing, wenn es meßbar, reproduzierbar, absolut war – in einem Wort, mechanisch.

Dabei war die Vorstellung eines mechanischen Universums nichts Neues. Sie war bereits in der Art und Weise enthalten, wie die *Nuova Arte* eine ebene Fläche in drei Dimensionen interpretierte. Sie steckte implizit in Galileis Erklärung, daß das Buch der Natur in geometrischen Zeichen geschrieben sei. »Mein Ziel ist es«, hatte Kepler geschrieben, »zu zeigen, daß die Himmelsmaschinerie nicht eine Art göttliches, lebendes Wesen ist, sondern eine Art Uhrwerk«.

Einesteils war dieser Vergleich mit einem Uhrwerk sinnvoll, weil der komplexe innere Aufbau einer Uhr den höchsten Grad an mechanischer Präzision darstellte, der den Menschen damals bekannt war. Doch andererseits war der Vergleich auch deswegen sinnvoll, weil bereits die Zeit selbst letztlich »aus dem All« kam. Zur Bestimmung der Zeit maß der Mensch den Aufgang der Sonne, die Phasen des Mondes, die Wiederkehr der Tag- und Nachtgleichen, Tage, Monate, Jahre. Ob sich die Himmelssphären um die Erde bewegten oder die Erde um ihre eigene Achse drehend durch den Weltraum trieb, der Effekt war der gleiche: Ein Tag war ein Tag, weil das der Zeitraum war, in dem die Gestirne eine Umdrehung vollendeten.

Doch wie lange waren Zeiträume kürzer als ein Tag? Frühere Denker hatten den Kreis, den die sich drehenden Sterne täglich am Himmel beschrieben, in 360 Teile oder Grad eingeteilt (wobei 360 eine Zahl ist, die leicht ganzzahlig durch andere ganze Zahlen zu teilen ist). Teilt man diesen Kreis in 24 Stunden, so erhält man eine Bewegung von 15 Grad pro Stunde. Über eine Reihe weiterer Teilungsvorgänge erhält man als Ergebnis 15 Bogenminuten pro Minute und 15 Bogensekunden pro Sekunde. Verband man nun einen Koordinaten-Meßapparat mit Instrumenten, die Winkel am Firmament in Bogenminuten und -sekunden messen, visierte ein Objekt am Himmel an und verfolgte den Lauf des Gestirns mittels einer tickenden Uhr – das war möglich, seitdem Huygens 1656 die Penduluhr entwickelt hatte –, so nahm die Vorstellung des Universums als eines gigantischen Uhrwerks eine völlig neue und geradezu greifbare Bedeutung an.

Neun Stunden und 56 Minuten: Das war nach Cassinis Beobachtungen der Flecke auf der Planetenoberfläche die Umdrehungszeit des Jupiter. Für Mars hatte er 24 Stunden und 40 Minuten ermittelt. Es gelang ihm sogar, Tafeln aufzustellen, die die Bewegungen der Jupitermonde vorhersagten, was Galilei nicht vermocht hatte.

Anhand dieser Tafeln bemerkte der dänische Astronom Ole Rømer, daß die Eklipsen der zahlreichen Jupitermonde voneinander abzuweichen schienen, und zwar je nachdem, in welcher Beziehung die Positionen von Erde und Jupiter im Bezug auf die Sonne gerade zu sein schienen. Waren Jupiter und Erde weit voneinander entfernt, schienen die Eklipsen und Durchgänge erst später einzutreten als erwartet, waren sie einander näher, dann früher. Konnten diese Unterschiede damit zusammenhängen, daß womöglich das Licht nicht, wie es die meisten Astronomen annahmen, sich mit »unendlicher Geschwindigkeit« ausbreitete, sondern in einem endlichen Tempo? Und sollte das der Fall sein, könnte man aus der Abweichung der Phänomene eine Lichtgeschwindigkeit errechnen?

Im September 1676 kündigte Rømer den Mitgliedern der Académie des Sciences in Paris an, daß die für 5.25:45 Uhr erwartete Eklipse des innersten Jupitermondes am 9. November zehn Minuten später stattfinden würde. Um genau 5.35:45 Uhr trat die Vorhersage ein. Aus dieser Beobachtung errechnete er, daß die Lichtgeschwindigkeit derart groß sein müsse, daß das Licht in 22 Minuten den vollen Durchmesser der Erdumlaufbahn um die Sonne durchmißt – oder, auf der Basis der besten damals vorliegenden Schätzungen, 225300 km pro Sekunde (heutiger Wert: 299793 km/s).

Als der englische Astronom Robert Hooke von diesen Berechnungen erfuhr, schrieb er: »Diese Geschwindigkeit ist derart hoch, daß sie nicht mehr vorstellbar ist. Er [Rømer] nimmt es als unzweifelhaft an, daß es [das Licht] eine Entfernung vom Durchmesser der Erde, oder annähernd 8000 Meilen, in weniger als einer einzigen Sekunde zurücklegt, einer so kurzen Zeit, daß man gerade einmal schnell ›1, 2, 3, 4‹ sagen kann: Wenn das der Fall ist, sehe ich keinen Grund, warum es nicht auch gleich unendlich schnell sein sollte.« Mit anderen Worten, gewisse Unterschiede sind es gar nicht erst wert, gemacht zu werden. Zwar gehörte Hooke zu den entschiedensten Kritikern der Tatsache, daß Hevelius bei der Katalogisierung der Sterne auf das Teleskop verzichtete, doch ebensowenig wie Hevelius konnte er erkennen, warum ein besserer Präzisionsstandard als der derzeit vorhandene möglich oder auch nur notwendig sein sollte.

Bis 1675 hatten sich die Astronomen auf die scheinbaren Größen der Planeten, also der von der Erde aus beobachtbaren Durchmesser, geeinigt. Hierbei handelte es sich jedoch nur um relative Angaben. Sie gaben die Größen der Planeten im Verhältnis zueinander an, nicht jedoch ihre absoluten Größen. Hierfür brauchten die Astronomen die Entfernungen der Planeten von der Erde an verschiedenen Positionen ihrer Umlaufbahn, und *hierfür* brauchten sie eine neue Standard-Maßeinheit.

Diese Maßeinheit mußte die eine Komponente einbeziehen, die alle Elemente gemeinsam haben: Das Zentrum, um das sich alles dreht. In den alten Kosmosmodellen – dem aristotelischen, ptolemäischen, geozentrischen Universum – war die Entfernung des Menschen vom Zentrum allen Seins der Erdradius. Doch im neuen Kosmos – dem galileischen, kopernikanischen, heliozentrischen – war die Maßeinheit die Entfernung zu einem anderen Zentrum: die Entfernung von der Erde zur Sonne.

Nach der Erfindung des Quadranten mit Zielfernrohr setzte Jean Picard das neue Instrument in der Umgebung von Paris für genauere Landvermessungen ein. Damit gelangte er schließlich zu einer neuen Messung der Länge eines Meridianbogens, was ihm eine neue Näherungsrechnung für den Durchmesser der Erde erlaubte. Dies wiederum ermöglichte Jean Richter während einer Expedition zur Insel Cayenne in Südamerika, Beobachtungen des Mars in der Nähe des Äquators mit ähnlichen Messungen aus Paris zu vergleichen, was schließlich zu einer neuen Schätzung der Entfernung von der Erde zur Sonne führte, der sogenannten Astronomischen Einheit (AE): sie sollte zwischen 132 und 140 Millionen km betragen (moderner Wert: ca. 149 Mio. km).

Letztendlich war dies aber nur noch ein kleiner Unterschied. Brahe konnte die Position eines Sterns auf drei Bogenminuten genau bestimmen, für seine Zeit der bei weitem beste Wert. Flamsteed dagegen konnte die Position des Mars im Bezug auf die Fixsterne bereits auf 10 Bogen*sekunden* genau bestimmen, mit einer Mikrometerschraube sogar auf 1 Bogensekunde genau, den 1/3600. Grad oder die Distanz, die der Planet während einer fünfzehntel Sekunde auf seinem scheinbaren täglichen Lauf am Firmament zurücklegte. Genügend dieser Grade, Minuten und Sekunden zusammengenommen allerdings machten schließlich doch einen Unterschied, und deshalb waren die Richterschen Untersuchungen nicht ohne Wert.

Damit hatte das Teleskop nicht nur zu qualitativen Entdeckungen geführt – zu einer Sichtbarmachung von Himmelskörpern in einer bisher unvorstellbaren Vielfalt. Mit Hilfe des Teleskops hatten auch nicht nur quantitativ Distanzen und Dimensionen ermittelt werden können, was schließlich einen Zugang zur Lösung des Rätsels eröffnet hatte, wie das Universum letztendlich funktioniert. Sondern was die Astronomie mindestens ebenso stark verändert hatte wie diese Beobachtungen, war das entstandene Vertrauen in das Teleskop selbst. Als sich in den 1670er Jahren zwei große Astronomen an eine Kartierung des Himmels machten, mochten ihre Intentionen die gleichen gewesen sein – die Messungen Brahes zu verbessern –, doch ihre Herangehensweise war nicht die gleiche. Vielleicht hatte Hevelius ja noch recht, und seine Beobachtungen mit bloßem Auge konnten es Messung für Messung mit dem Teleskop aufnehmen, zumindest vorläufig. Aber sein Beharren war nur so lange sinnvoll, wie das bloße Auge der Referenzstandard blieb, und das würde nur so lange bleiben, wie das Teleskop das gleiche bliebe. Sobald es verbessert worden war, wurden Flamsteeds Messungen zur Grundlage für die Zukunft.

Der dreibändige Himmelskatalog von Hevelius wurde 1689 veröffentlicht, zwei Jahre nach seinem Tod. Flamsteeds Veröffentlichung auf der Basis von 20 000 Beobachtungen der Fixsterne zwischen 1676 und 1689 unter Verwendung eines Sextanten mit Okular-Fadenmikrometer folgte erst mehr als 30 Jahre später. Wie spektakulär sich Hevelius über die Nützlichkeit seiner Daten getäuscht hatte, zeigt sich darin, daß selbst während dieser Zwischenzeit von drei Jahrzehnten die Mitglieder der Royal Society Hevelius' Werte nicht mehr weiter verwendeten, sondern statt dessen Flamsteed zur Veröffentlichung seiner neuen Werte drängten. Flamsteed jedoch war ein notorischer Perfektionist; als Halley 1712 einen Band von Flamsteeds Daten ohne dessen Erlaubnis veröffentlichte, kaufte dieser die meisten Exemplare des Druckes auf und verbrannte sie. Erst 1725, sechs Jahre nach seinem Tod, wurde die *Historia Coelestis Britannica* schließlich gedruckt, ein Katalog mit 3000 Sternen und die bei weitem umfangreichste Untersuchung des Himmels, die damals vorhanden war.

Das Universum, das Flamsteed, Hevelius, Halley, Huygens, Cassini und all die anderen Astronomen, die mit den fehlerhaften Linsen und der frustrierenden Optik der zweiten Hälfte des 17. Jahrhunderts zu kämpfen hatten, hinterließen, war nicht mehr das, das sie vorgefunden hatten. Es war ihnen, wenn auch erst annäherungsweise, gelungen, die Größen der Planeten zu bestimmen, ihre Abstände zur Sonne und die Entfernungen zu den Sternen. Zu Beginn dieses 17. Jahrhunderts hatten für das Universum immer noch die Maßstäbe des Ptolemäus gegolten: Die Sonne war 600 Erddurchmesser oder 8 Millionen km entfernt, und die Sphäre der Fixsterne 10 000 Erddurchmesser oder 129 Millionen km – riesige Entfernungen, gewiß.

Am Ende des 17. Jahrhunderts jedoch war allein der Abstand der Erde zur Sonne größer geworden als der Radius des gesamten ptolemäischen Kosmos. Der Radius der Umlaufbahn des Saturn und damit des (damals bekannten) Sonnensystems betrug jetzt etwa 1300 Millionen km, und allein die Tatsache, daß die Astronomen jetzt begonnen hatten, von einem »Sonnensystem« zu sprechen, war bereits ein Hinweis auf die Distanz, die sie jetzt zwischen sich selbst und den Sternen aufzubauen begannen. Das neue Universum an der Schwelle des 18. Jahrhunderts war eines, dessen fundamentale Trennlinien nicht mehr zwischen Irdischem und Himmlischem verliefen, sondern die nächsten Verwandten der Erde die anderen Planeten waren, ein Universum, wo die Distanz zu den Sternen mit einem zuvor undenkbaren neuen Maßstab von Tausenden von Millionen Kilometern gemessen wurde, wo, wenn dem Zeugnis des Teleskops geglaubt werden konnte – und daran gab es mit jeder neuen Messung weniger Zweifel –, oben unten war, und unten oben.

Kapitel 4

In die Tiefen des Alls

Friedrich Wilhelm (William) Herschel war auf dem Weg nach Hause, aber in seinen Gedanken reiste er zu den Sternen.

Im übrigen war er gerade erst von seinem früheren Zuhause aufgebrochen. Er hatte einige Tage bei seiner Familie in seinem Geburtsort in der Nähe von Hannover verbracht und sollte nun seine Schwester Caroline mit sich nach England nehmen, wo er sich 15 Jahre zuvor niedergelassen hatte. Während seiner Jahre dort hatte er sich als erfolgreicher Komponist und Musiker einen Namen gemacht, und er hoffte, seiner Schwester die Gelegenheit zu einer Gesangsausbildung zu verschaffen, damit sie als Sängerin Karriere machte. Er unterrichtete so viele Privatschüler wie möglich; oft gab er mehr als 35 Stunden pro Woche. Er komponierte Konzerte, Hymnen und Sinfonien und vertonte Psalmen, spielte in Konzerten Violine, Oboe, Cembalo und Orgel. Seine Position als Organist in der Kirchengemeinde der Octagon Chapel im vornehmen Kurort Bath brachte ihn in einflußreiche und kultivierte Kreise. Doch als er mit seiner Schwester in der offenen Postkutsche auf den windigen Straßen Hollands unterwegs war, sprach er nicht über Musik oder das Leben in England, sondern – über die Sterne.

Denn mittlerweile war sein Interesse für Astronomie noch größer geworden als das für die Musik. Einige Jahre zuvor hatte er etwas über die mathematischen Aspekte der Musik lernen wollen und sich daher als Lektüre das Buch *Harmonics* des Cambridge-Astronomen Robert Smith ausgesucht. Dieses Buch führte ihn zu dem Werk *A Compleat System of Opticks* des gleichen Autors, und weiter zu anderen Schriften über die Grundlagen der Optik, insbesondere im Zusammenhang mit der aufstrebenden Disziplin Astronomie. »Als ich von den vielen wunderbaren Entdeckungen las, die mit Hilfe des Teleskops gemacht worden waren«, erinnerte er sich später, »war ich davon so begeistert, daß ich den Himmel und die Planeten durch eines dieser Instrumente mit meinen eigenen Augen sehen wollte«.

Herschel führte ein Tagebuch, allerdings mit oft nur sporadischen Eintragungen. Manchmal notierte er wochen- oder monatelang gar nichts; einmal fand er sogar zwei Jahre lang, daß nichts Notierenswertes vorgefallen sei. Selbst wenn er einen Eintrag machte, sprach die Knappheit Bände über die Last der Verantwortung, die er gefühlt haben mußte, sei es bei der Erfüllung seiner offiziellen Pflichten, oder der, ein Tagebuch zu führen. »Konzert, Linley«, lautete zum Beispiel eine vollständige Eintragung. Eine andere: »Orgel gespielt. Zum Abendmahl gegangen.« Kurz nach seinem Besuch in Hannover und der Kutschfahrt unter freiem Himmel durch Holland wurde der Stil des Tagebuchs jedoch leichter – und für Herschels Verhältnisse geradezu überschwenglich.

Die beiden letzten Einträge für 1772 verzeichnen seine Rückkehr aus Hannover mit seiner Schwester und die Wiederaufnahme seiner Arbeit:

27. Aug.   Rückkehr nach Bath.
1. Sept.   Unterricht wieder aufgenommen.

Dann folgen die ersten Einträge für 1773:

7. April   Oratorium in Bristol.
8. April   Concerto spirituale.
19. April   Quadrant und Emersons Trigonometry gekauft.

10. MAI	Signor Farinellis Konzert.
10. MAI	Astronomiebuch und astronomische Tafeln gekauft.
24. MAI	Objektivlinse mit 10 Fuß Brennweite gekauft.
1. JUNI	Zahlreiche Brillengläser und Zinnröhren gekauft.
7. JUNI	Gläser und Leihgebühr für kleinen Reflektor bezahlt.
14. JUNI	Aufbewahrungskisten für Linsen bezahlt. Leihgebühr für 2-Fuß-Teleskop für 3 Monate bezahlt.
21. JUNI BIS 23. AUG.	Viele Linsen, Röhren.
15. SEPT.	2-Fuß-Reflektor gemietet.
22. SEPT.	Werkzeug für einen Reflektor und Metallrahmen gekauft.
2. OKT.	20-Fuß-Objektivlinse und neun Brillengläser etc. gekauft. Emersons Optics. Privatschüler wie üblich.
8. NOV.	Diese Woche 40 Schüler. Sonstige Geschäfte wie üblich.
15. NOV.	46 Privatschüler; fast 8 pro Tag.

Seit seiner Rückkehr nach Bath, war dies die umfangreichste Serie von Eintragungen, doch diese gaben nur einen vagen Hinweis darauf, welche Umwälzungen in Herschels Leben sich damals abzeichneten. Die Astronomie nahm ihn nun immer mehr gefangen. Von einem Nachbarn, der neben seiner eigentlichen Tätigkeit Fernrohre baute, kaufte er Werkzeuge und optische Geräte und widmete allmählich seine gesamte Freizeit dieser neuentdeckten Passion. In den Pausen bei Konzerten rannte er ins Freie, um den Himmel zu beobachten. Jeden Abend vor dem Schlafengehen las er Bücher über Optik und Astronomie, und »seine ersten Gedanken beim Aufwachen«, schrieb seine Schwester in ihrem (wesentlich umfangreicheren) Tagebuch, »kreisten darum, wo er die Instrumente herbekommen könnte, um selbst diese Objekte zu betrachten, von denen er gelesen hatte«. »Manchmal«, erinnerte sich Caroline, deren beginnende Gesangskarriere in direktem Verhältnis zu den astronomischen Studien ihres Bruders litt, »mußte ich ihm, um ihn überhaupt am Leben zu erhalten, etwas zum Essen in den Mund schieben – so einmal, als er bei der Fertigstellung eines 7-Fuß-Spiegels 16 Stunden am Stück nicht von diesem gelassen hatte«.

Auch ließ er sich keine einzige Stunde klaren Himmels für seine Beobachtungen entgehen. Selbst als er 1786 umzog, notierte seine Schwester, »in der letzten Nacht in Clay Hall suchte er [den Himmel] bis zur Morgendämmerung ab, und schon am nächsten Abend stand das Teleskop in Slough bereit für die nächsten Beobachtungen«. Herschel observierte nur im Freien, denn die Teleskope funktionierten nur dann optimal, wenn sie die gleiche Temperatur wie die Umgebung hatten. Die Nachttemperaturen fielen im winterlichen England oft unter den Gefrierpunkt, manchmal sogar bis unter –10 °C. Sein einziges Zugeständnis an die Elemente waren dabei ein paar dickere Kleidungsstücke. Gegen den Frost rieb er sich mit rohen Zwiebeln ein, während sein Atem am Teleskop und die Tinte im Faß gefror, seine Füße im Schlamm versanken, und einmal sogar der Spiegel mit einem lauten Knall wie ein Pistolenschuß entzweibrach. Ein deutscher Astronom berichtete, nachdem er Herschel bei der Arbeit beobachtet hatte: »Er hat eine exzellente Konstitution und denkt an nichts anderes auf der Welt als an die Himmelskörper.« Seine Schwester Caroline stand ihm dabei in Besessenheit und Willensstärke in nichts nach. Als sie an einem Silvesterabend im Schneematsch ausrutschte und sich oberhalb des Knies an einem eisernen Haken verletzte, war selbst dies noch die Notiz wert, daß »immerhin glücklicherweise mein Bruder nicht auch noch einen Schaden durch den Unfall davontrug, denn der Rest der Nacht war bewölkt«.

Zu jener Zeit war die Beschäftigung mit Astronomie in der Freizeit nichts Ungewöhnliches für einen gebildeten Mann. Im Verlauf der vorangegangenen 100 Jahre war das Teleskop zu dem bedeutendsten Sinnbild für das Lernen geworden, ein Symbol für die edelsten Hoffnungen, die in die Kraft von Forschung und Phantasie zum Wohle der Zivilisation gesetzt wurden. Dennoch zeichneten sich Herschels technisches Talent und seine Gedankenflüge vor anderen aus. Weil er schon bald keine Teleskope mehr finden konnte, die seinen hohen Ansprüchen genügten, brachte er sich selbst bei, sie zu konstruieren, und er entwickelte neue Untersuchungsmethoden zur Himmelsbeobachtung, mit denen er hoffte, daß er einmal die Sterne würde kartieren können.

Am 13. März 1781, im zweiten und letzten Jahr seiner zweiten Reihe von »Sternenbeobachtungen«, bei denen er einen Katalog jedes Sterns am Nachthimmel bis zu einer gewissen Leuchtstärke aufstellen wollte, fand er einen Himmelskörper, der an diese Stelle nicht hingehörte. Herschel wußte, es war kein Stern, denn das Objekt war eindeutig größer als ein Lichtpunkt. Er schaltete weitere Linsen zu, und der Lichtpunkt wuchs weiter zu einer Scheibe, während die umgebenden Sterne wie erwartet punktförmig blieben. In der folgenden Nacht widmete er sich erneut diesem Objekt und berechnete anhand der Wanderungsbewegung seit dem Abend zuvor seine Position im Sonnensystem. Dann faßte er seine Beobachtungen unter dem Titel *Account of a comet* (»Bericht über einen Kometen«) zusammen und schickte den Bericht an die Royal Society nach London. Bald darauf erfuhr er, daß auch andere Astronomen aufgrund seiner Beschreibungen das Objekt gefunden hatten und nach ihren eigenen Berechnungen Herschels Ansicht unterstützten, daß es sich nicht um einen Fixstern handelte. Das neue Objekt sei jedoch kein Komet, sondern in Wahrheit ein neuer *Planet*.

Bis dahin war die Zahl der Wandelsterne im Laufe der Geschichte immer zuverlässig konstant geblieben: Merkur, Venus, Mars, Jupiter und Saturn, außerdem Sonne und Mond. 1610 hatte Galilei eine ganze Reihe alter Annahmen über den Aufbau des Himmels über den Haufen geworfen, hatte dem Nachthimmel sogar neue Monde zugefügt, jedoch nicht (mit der Ausnahme, daß nun vielleicht auch die Erde dazuzuzählen sei) die Zahl der Planeten in Frage gestellt. Auch die Zahl der bekannten Monde war über fast einhundert Jahre konstant geblieben, seit Cassinis Entdeckung des vierten Saturntrabanten im Jahre 1684. Doch nun untergrub ausgerechnet ein Amateur nicht nur die antiken Autoritäten, sondern auch die der Gegenwart, und erweiterte dabei auch noch beiläufig den Durchmesser des bekannten Sonnensystems auf das Doppelte.

Dem Begriff »Sonnensystem«, selbst eine außerordentlich neue und tiefgreifende Innovation, mußten Vorsichtige nunmehr den Zusatz »soweit bisher bekannt« hinzufügen. Die Entdeckung blieb nicht unbelohnt. 1781 verlieh die Royal Academy Herschel für die erste Entdeckung eines neuen Planeten seit Menschengedenken ihre höchste Auszeichnung, die Copley-Medaille, und bei der Verleihungszeremonie fragte der Präsident der Gesellschaft, »Wer außer Eurem neuen Stern, der weiter von der Sonne entfernt ist als Saturn, kann diesen [Saturn] noch übertreffen? Wer weiß, welche neuen Ringe, neuen Trabanten oder andere zahl- und namenlose Phänomene sich noch verbergen und darauf warten, Fleiß und Verbesserungen der Zukunft zu belohnen?«

Was für einen Unterschied ein Jahrhundert ausmacht! Die neuen Erkenntnisse, die das Teleskop lieferte, hatten die alte Hierarchie des Universums zerstört, jedoch an dessen Stelle zunächst einmal nur eine unbestimmte Regellosigkeit hinterlassen, eine Ungewißheit, die für manche unerträglich war. »Die neue Philosophie zieht alles in Zweifel«, schrieb der englische Kirchenmann und Dichter John Donne 1611, und, zum großen Teil als Antwort auf Galileis *Sidereus Nuncius*:

The Element of fire is quite put out;
The Sun is lost, and th' earth, and no mans wit
Can well direct him where to looke for it.

Das Element des Feuers ist nun fast erstickt;
Die Sonn' verloren und die Erd', und keines Menschen Weisheit
kann sagen, wo sie jetzt zu finden ist.

Zur Zeit von Herschels Entdeckung des neuen Planeten, den man zukünftig Uranus nennen sollte, hatte jedoch das Teleskop das Vertrauen der Astronomen sowohl in das Instrument selbst als auch in die Neue Philosophie gewonnen. Das Teleskop repräsentierte inzwischen diese Neue Philosophie ebenso, wie es sie auch weiterzuentwickeln half. Es war zu einem der wichtigsten Hilfsmittel geworden, um eine neue Ordnung für das Universum zu schaffen, eine, die nicht nur das Hinzukommen *eines* neuen Planeten gut verkraften konnte, sondern auch noch weitere Planeten, so sie denn hinzukommen sollten, herzlich willkommen heißen würde.

Dabei machte es noch längere Zeit einen Unterschied, Neues zu sehen und das Gesehene auch zu glauben, es als »real« anzuerkennen. Solange die Astronomie mit dem Fernrohr eine rein subjektive Disziplin war – solange sie beobachtete und keine Stellung bezog, qualitativ und nicht quantitativ ermittelte –, blieben ihre Erkenntnisse offen für Diskussionen und Zweifel. Selbst die Einführung von Fadenkreuz und Mikrometerschraube hatten die Astronomie noch nicht aller Kontroversen enthoben, wie Johannes Hevelius gezeigt hatte. Doch mit Hilfe von Präzisionsmeßinstrumenten konnten die Astronomen allmählich objektive Standards entwickeln und hatten zumindest die Chance, ein gewisses Maß an Gewißheit zu erreichen.

Jetzt gab es tatsächlich Gründe zur Annahme, daß das Universum nach Regeln funktioniert und daß diese Regeln in Erfahrung gebracht werden können. Dies war nicht der blinde Glaube der Alten, deren »papierne Welt«, wie sie Galilei und Kepler verächtlich genannt hatten, das Produkt mathematischer Akrobatik war mit dem einzigen Zweck, die Erscheinungen zu retten. Dies war vielmehr der Glaube *Galileis.* Dessen Beobachtungen hatten ein neues Gefüge von Erscheinungen geschaffen, wenn er auch noch nicht über die Mathematik verfügte, diese zu beherrschen. Erst als die Astronomen in der zweiten Hälfte des 17. Jahrhunderts allmählich präzise quantitative Daten erhoben – die Entfernungen und Dimensionen des Sonnensystems –, konnten sie mit der Beantwortung der alten Frage beginnen, warum ein Stein, wenn man ihn auf einem sich schnell drehenden Planeten fallen läßt, trotzdem senkrecht auf der Erde landet und nicht weiter entfernt.

1609 hatte Johannes Kepler ein Buch namens *Astronomia nova* (»Neue Astronomie«) veröffentlicht, in dem er den umfangreichen Datenbestand verwendete, den sein Mentor Tycho Brahe auf Uraniborg angesammelt hatte. Die Verwendung des Begriffes *neu* in einem Buchtitel war in jenen Tagen keineswegs etwas Ungewöhnliches, doch selten war er so zutreffend wie hier, denn auf einigen hundert Seiten und nach mehrjährigen Berechnungen hatte Kepler Brahes Beobachtungen in einer Reihe von Gesetzen zusammenfassen können, die zwei grundlegende Aussagen der aristotelischen Physik über den Haufen warfen – daß sich nämlich Himmelskörper in Kreisbahnen bewegen und diese Bewegungen gleichförmig sind. Zum ersten Punkt schrieb Kepler nun, die Umlaufbahn jedes Planeten bilde eine Ellipse, und zum zweiten, auf seinem Weg entlang dieser Ellipsenbahn verlangsame sich ein Planet mit zunehmender Entfernung von der Sonne und beschleunige wieder, sobald er sich der Sonne erneut nähert. Zehn Jahre später fügte Kepler ein drittes Gesetz hinzu: Je größer die durchschnittliche Entfernung eines Planeten von der Sonne, desto länger dauert ein Umlauf – genauer gesagt, die Umlaufzeit eines Planeten zum Quadrat ist proportional zur dritten Potenz der durchschnittlichen Entfernung des Planeten von der Sonne. Zum ersten Mal in der Geschichte hatten Astronomen zumindest einen Ansatz für eine Mathematik, die tatsächlich mit den Beobachtungen in Einklang stand.

Mit diesen Gesetzen hatte Kepler die Beobachtungen Brahes, die präzisesten Daten der vorteleskopischen Ära, in eine mathematische Form gebracht. Jede weitere mathematische Behandlung der Bewegung der Himmelskörper erforderte jedoch noch präzisere Messungen. Aus diesem Grund wurde Keplers Werk auch erst ab der Mitte der 1660er Jahre zur Standardliteratur für Astronomen. Erst nach der Einführung des Teleskops und der Zusatzgeräte für quantitative Messungen wie der Mikrometerschraube konnten die Astronomen Beobachtungen mit so großer Präzision festhalten, daß Keplers Werk auch in der Praxis immer wichtiger und dann bald unentbehrlich wurde.

Mit seinem Werk *Philosophiae naturalis principia mathematica* (den »Mathematischen Prinzipien der Naturphilosophie«) nahm Isaac Newton 1687 endgültig Abschied von der aristotelischen Physik. Beim Nachdenken über die Schwerkraft fragte er sich, wie weit sie wohl reiche. Wenn sie bis zur Spitze eines Apfelbaums reichte, dann vielleicht auch bis zum Mond? Er untersuchte, ob diese Idee mit Keplers drittem Gesetz in Einklang stehen könnte, berücksichtigte die Messungen von Erde und Himmelskörpern, die Jean Picard in Paris und Jean Richter auf Cayenne gemacht hatten, und kam schließlich zu einer eigenen Formel, die letztlich alle drei Keplerschen Gesetze in sich vereinte und darüber hinaus möglicherweise so ziemlich alles andere im Weltall dazu: Jedes Objekt zieht jedes andere Objekt mit einer Kraft an, die umgekehrt proportional ist zum Quadrat der Entfernung.

Lassen wir die Mathematik zunächst einmal beiseite. *Jedes Objekt zieht jedes andere Objekt an*: Dies war ein Gedankensprung von hohem ästhetischem Reiz, über den sowohl Künstler als auch Astronomen staunen konnten und der ohne ihre gemeinsamen vorangegangenen Anstrengungen zur Erweiterung der Perspektive nicht denkbar gewesen wäre. Im Vorwort zur zweiten

Ausgabe der *Principia* kleidete der englische Astronom Roger Cotes dieses Prinzip in eine Analogie, die den meisten seiner Zeitgenossen gut gefallen haben dürfte. Seine rhetorische Frage lautete: »Wer zweifelt schon daran, ob die Schwerkraft die Ursache des Fallens eines Steines in Europa sei, doch gilt dies auch noch in Amerika?« Wenn also eine in der Alten Welt richtige Tatsache auch in der Neuen Welt noch gilt, dann sollte das, was in dieser Welt (also auf der Erde) gültig ist, auch für andere Welten gelten. Der Grund dafür, daß ein Stein eben hier landet und nicht woanders, war der gleiche wie dafür, daß der Mond der Erde folgt und die Erde der Sonne: die Schwerkraft.

Nicht, daß Newton hätte sagen können, was Schwerkraft nun tatsächlich *ist*. Er nannte sie »Fernwirkung« *(action at a distance)*, und rief damit Zweifel und Spott seiner Kollegen hervor, die Genaueres über diese Kraft wissen wollten, wie sie die Entfernung überbrückt und welches Medium – wenn überhaupt eines – hierbei zu überwinden sei. »Ich gebe nicht vor, eine Hypothese zu haben«, antwortete Newton. »Die Schwerkraft muß durch ein Agens verursacht werden, das ständig wirksam ist und gewissen Gesetzen unterliegt; doch ob dieses Agens materiell oder immateriell ist, muß ich der Einschätzung meiner Leser überlassen.« Sicher war er nur, daß er die mathematischen Bedingungen erfüllt hatte. Was immer die Schwerkraft war, sie mußte funktionieren, *denn er konnte sie mathematisch beweisen.*

Jetzt also lag es offen, das Buch der Natur, von dem schon Galilei gesprochen und aus dem zu kopieren er selbst sich so sehr bemüht hatte. Dies war die Himmelsmechanik, geschrieben in der Sprache der Geometrie, wiedergegeben in mathematischer Abstraktion; dies war das Ende der alten Autoritäten und ihr Ersatz durch eine neue.

So und nicht anders funktionierte das Weltall.

»*Eppur si muove*«, soll Galilei gesagt haben, nachdem er seine Überzeugung vor der Inquisition widerrufen hatte: »*Und sie bewegt sich doch.*« (Es handelt sich bei diesem Ausspruch ohne Zweifel nur um eine Legende.) Nun stellte sich aber sogar heraus, daß sich die Erde nicht nur drehte, sondern ihre Bahnen berechenbar und diese Berechnungen überprüfbar waren. Und je mehr Astronomen Beobachtungen anstellten, desto mehr bewegte sie sich, und je mehr sie sich bewegte, desto stärker wuchs die Überzeugung, daß nicht nur das Universum nach Regeln funktioniert und daß man diese Regeln lernen kann, sondern daß man die meisten davon auch bereits gefunden hatte.

Das Experiment war ein Erfolg, die Neue Philosophie funktionierte: Ein neues Werkzeug hatte Beweise aus der Natur geliefert, die einem neuen Verständnis des Universums den Weg bereiteten. »Von allen Seiten richten sich aufmerksame Augen auf die Natur«, schrieb der französische Ökonom und Staatsmann Anne Robert Jacques Turgot 1750 in seinem *Discours à la Sorbonne*:

Selbst kleine Zufälle können, geschickt genutzt, zu großen Entdeckungen führen. Der Sohn eines Handwerkers im [holländischen] Seeland spielt herum und verbindet zwei konvexe Linsen in einer Röhre, und die Grenzen unserer Sinne werden aufgehoben. In Italien sahen die Augen eines Galilei eine neue Welt am Firmament. Dann fand Kepler bei der Suche nach den pythagoreischen Zahlen in den Sternen die beiden berühmten Gesetze über den Lauf der Planeten, die schließlich in der Hand Newtons zum Schlüssel für das Universum wurden... Der Himmel hat sich aufgetan, und die Welt erstrahlt in neuem Glanz! Große Männer überall, im ganzen Reich des Wissens! Was für eine Perfektion, die menschliche Vernunft!

Es war das Zeitalter der Vernunft, der Kritik und der Zuversicht – das philosophische Jahrhundert. Es war das Zeitalter der Aufklärung, der »Erleuchtung« (wie es im Französischen und Englischen genannt wird), eine Epoche, die ihren Namen und ihr Ordnungsprinzip von der neuen Hierarchie des Weltalls ableitete: in der Mitte die Sonne, die alles bescheint. Die Idee eines wie ein Uhrwerk funktionierenden, auf Ursache und Wirkung begründeten Universums mochte nicht neu sein, doch sie gewann an Boden, als Newton in seinen *Principia* erklärte, daß »das kopernikanische System der Planetenstände sich als eine riesige Maschine herausstellte, die nach mechanischen Gesetzen funktioniert, die hier zum erstenmal verstanden und erklärt werden«. Im folgenden Jahrhundert zeigten die Astronomen wieder und wieder, daß sie Zahlenwerte aus teleskopischen Beobachtungen in Newtons Formel einsetzen und damit die Bewegungen von Himmelskörpern mit gleicher Präzision sowohl vorhersagen als auch erklären konnten. Selbst scheinbare Widersprüche gegen eines der Schwerkraftgesetze – wie Unregelmäßigkeiten in den Umlaufbahnen von Jupiter und Saturn oder die im Vergleich zu Halleys Vorhersage verspätete Wiederkehr eines Kometen im Jahre 1758 (der später dennoch nach ihm, Halley, benannt wurde) – stellten sich nach näherer Betrachtung und weiterer Berechnungen nur als deren Bestätigung heraus. »So geschah es mit [Newtons] brillanter Entdeckung«, schrieb der französische Mathematiker Pierre Simon de Laplace, »daß jede auftauchende Schwierigkeit schließlich zu einem neuen Triumph führte, ein sicheres Zeichen, daß es sich hier um das wahre System der Natur handelt«.

In seinem *Traité de mécanique céleste* (»Abhandlung über die Himmelsmechanik«), die ab 1799 in mehreren Bänden veröffentlicht wurde, testete Laplace Newtons Theorie bis an ihre Grenzen. Er machte sich daran, die Bewegungen jedes bekannten Objekts im Sonnensystem – Monde, Planeten und die Sonne, insgesamt über 30 Objekte – anhand der Newtonschen Gesetze zu berechnen – unter Berücksichtigung der berechenbaren Auswirkungen jedes Objekts auf jedes andere und umgekehrt, alles in allem ein wirbelndes Wechselspiel gegenseitiger Anziehungen. Wie ein neugieriges Kind, das einen Wecker auseinandernimmt, konnte auch Laplace nicht die kleinste Schraube oder Sprungfeder auslassen, als er seine Himmelsmechanik wieder zusammensetzte. Irgendwie gelang ihm dies schließlich sogar:

> Es ist schon sehr bemerkenswert, daß ein Astronom, ohne sein Observatorium zu verlassen und nur durch eine systematische Analyse seiner Beobachtungen in die Lage versetzt wird, mit großer Genauigkeit die Größe und Abplattung der Erde zu bestimmen oder ihren Abstand von Sonne und Mond, Fakten, zu deren Kenntnis ansonsten lange und mühevolle Reisen in beide Hemisphären notwendig waren. Die Übereinstimmung der Ergebnisse beider Methoden ist eine der überzeugendsten Beweise für die universelle Gravitation.

Präzision und weiterer Fortschritt befruchteten sich gegenseitig. Die Fähigkeit zu immer genaueren Messungen führte zu der Erwartung, daß das Wissen mit jeder Generation zunehmen würde. Daraus erwuchs die Vorstellung, daß irgendwann einmal ein absolutes Verständnis zu erreichen wäre. Laplace vermutete, »eine Intelligenz, die zu einem gegebenen Zeitpunkt sämtliche in der Natur wirkenden Kräfte kennte sowie die momentane Position aller Dinge, aus denen das Universum besteht, wäre in der Lage, die Bewegung selbst der größten Körper der Welt zu erfassen, ... nichts wäre mehr ungewiß, Vergangenheit wie Zukunft lägen offen da«. Wie die Künstler der *Nuova Arte* einige Jahrhunderte zuvor hatten jetzt die Astronomen der neuen Zeit einen weiteren Vorhang zerrissen und ein Universum der Geometrie entdeckt. An die Stelle der alten Schöpfungsordnung war nicht die Anarchie getreten, wie es die Gegner des Kopernikus anfangs befürchtet hatten, sondern das Gegenteil: ein paar einfache Regeln, die die Bewegung eines jeden Rädchens im Uhrwerk des Kosmos vorhersagen und erklären konnten, ein einziges Gesetz, das alles physikalische Geschehen beherrschte von Stund an bis in Ewigkeit, bis zum Ende des Universums. Wobei nur noch eine Frage zu klären blieb: Wo war das *Ende des Universums*?

Wenn sich auch William Herschel noch nicht wirklich daran machte, diese Frage zu beantworten, prägte sie doch allmählich die gesamte astronomische Forschung immer stärker. Galilei hatte ein Bild des Kosmos vorgefunden, das zwischen Irdischem und Himmlischem unterschied, zwischen der Erde und allem anderen, und er hatte es zu eng gefunden. Ähnlich fand nun Herschel ein klar zweigeteiltes Universum vor – mit den neu erforschbaren Planeten des Sonnensystems auf der einen und den noch unerreichbaren Fernen der Sterne auf der anderen Seite. Und er stellte sich selbst die Aufgabe, diesen vielleicht letzten Vorhang zu zerschneiden.

»Bislang wurde die Region der Fixsterne durch die konkave Oberfläche einer Kugel, eine eigene Sphäre, dargestellt, in deren Mitte man sich den Betrachter vorstellen konnte; das war für die gewünschten Zwecke nicht ungeeignet«, schrieb Herschel einmal. Bereits zu seiner Zeit wußten es die Astronomen zwar besser, aber sie konnten sich die Region der Fixsterne, das »Himmelsgewölbe«, immer noch nicht anders vorstellen als in Form einer zweidimensionalen, gewölbten Oberfläche, auf der man die Positionen der Sterne wie in einem Koordinatensystem abtragen konnte. Herschel jedoch versuchte, dieses Modell um eine dritte Dimension zu erweitern, in die Tiefe des Alls vorzustoßen, die ja existieren *mußte*. »Der Aufbau des Alls«, argumentierte Herschel, »bei dem der tatsächliche Ort jedes Himmelskörpers festgelegt werden soll, kann nur dann präzise beschrieben werden, wenn wir die Position eines jeden Himmelskörpers in drei Dimensionen angeben können, die im Fall des sichtbaren Universums als Länge [*length* oder *longitude*], Breite [*breadth* oder *latitude*] und Tiefe [*depth* oder *profundity*] bezeichnet werden könnten«.

Lange bevor Herschel mit seinen Beobachtungen begann, war

der Fortschritt bei der Erforschung der Sterne praktisch zum Stillstand gekommen. Einer der Gründe hierfür lag, wie so oft in solchen Fällen, im technischen Entwicklungsstand des Instruments begründet. Ähnlich wie das enge Sichtfeld des Galileischen Fernrohrs der Neugier der ersten Generation von Astronomen Grenzen gesetzt und ihnen nur qualitative Beobachtungen und die Registrierung neuer Phänomene erlaubt hatte, war man nun auch an die technischen Grenzen des auch als Refraktor bezeichneten Linsenteleskops gestoßen. Trotz der vielen Fortschritte bei der Verbesserung des Teleskops von einer einfachen Beobachtungsröhre zu einem quantitativen Präzisionsinstrument war es auch mit den besten Exemplaren bisher nicht möglich gewesen, eine offenbar grundlegende Messung bei der Erforschung der Fixsternregionen vorzunehmen: die sogenannte Parallaxe eines einzelnen Sterns.

Bei der Parallaxe handelt es sich um eine Form der Verschiebung des Blickwinkels ähnlich der beim beidäugigen Sehen. Strecken Sie einen Ihrer Finger senkrecht vor Ihrer Nase aus und betrachten Sie ihn mit nur einem Auge. Schauen Sie ihn dann nur mit dem anderen Auge an, und wechseln Sie so mehrmals hin und her. Ähnlich wie Ihr Finger nun hin und her zu springen scheint, sollte sich auch die Position eines Sterns im Laufe eines Jahres – also einer Erdumdrehung um die Sonne – geringfügig verschieben. Tatsächlich gehörte es immer noch zu den ungelösten Rätseln des kopernikanischen Weltbildes, daß sich die Parallaxe offensichtlich auch mit den besten vorhandenen Meßmethoden in keinem einzigen Fall bestimmen ließ. Solange die Erde unbeweglich im Mittelpunkt des Universums gestanden hatte, war die Tatsache, daß die Sterne unbeweglich an der äußersten Himmelssphäre fixiert waren, durchaus stimmig erschienen. Doch wenn sich die Erde nun einmal im Jahr um die Sonne drehte und damit der Blickwinkel auf den Sternenhimmel sich ständig und im Jahresrhythmus hin und her bewegte, dann sollten die relativen Positionen der Fixsterne zueinander ebenfalls, wenn auch nur leicht, im Jahresrhythmus scheinbar schwanken. Doch das taten sie nicht. Wenn das kopernikanische Weltbild also Bestand haben sollte, mußte die Entfernung zu den Sternen tatsächlich derart gigantisch sein, daß die Bewegung der Erde hierzu im Vergleich nur winzig und völlig unbedeutend erscheinen konnte. Der Durchmesser der Umlaufbahn zwischen Erde und Sonne mußte dafür geradezu zu einem Nichts zusammenschrumpfen – und nach den ersten Berechnungen der Astronomischen Einheit (AE), der Entfernung von der Erde zur Sonne, in den 1670er Jahren betrug dieses lächerliche Nichts immerhin mindestens 270 Millionen Kilometer (aktueller Wert von 2 AE: 299,4 Mio. km).

Um bei einer solchen Entfernung dennoch so hell zu sein, wie es der Fall war, mußten die Sterne ähnlich groß und strahlend sein wie unsere Sonne. Im späten 17. Jahrhundert verstanden die Astronomen daher allmählich, um was es sich wohl bei den Sternen tatsächlich handeln mußte: um nichts anderes als unzählige Sonnen, von denen vielleicht sogar die meisten ihr eigenes Planetensystem besaßen. Diese Hypothese erhielt 1718 erheblichen Auftrieb, als Edmond Halley bekanntgab, daß er zwar keine Parallaxe, wohl aber Bewegung bei Sternen entdeckt habe, also keine durch die Bewegung der Erde verursachte scheinbare Positionsverschiebung eines Sterns, sondern eine tatsächliche Positionsveränderung infolge einer Bewegung der Sterne selbst. Diese Bewegungen hatte Halley durch einen Vergleich modernster Beobachtungsdaten mit den 1500 Jahre älteren Aufzeichnungen aus dem *Almagest* des Ptolemäus festgestellt, und selbst diese Unterschiede waren so gering, daß er nur drei Beispiele finden konnte. Doch an der Beobachtung selbst bestand kein Zweifel. Das bedeutete, daß mindestens diese drei Sterne – und wahrscheinlich viele mehr, wenn nicht sogar alle – tatsächlich gar nicht »fix« waren und damit ein weiterer historischer Begriff sich auflöste in den Tiefen des Alls.

Zehn Jahre später wuchs die Entfernung zu den Sternen noch weiter in die Unendlichkeit. Der englische Astronom James Bradley veröffentlichte, zwar habe auch er keine Parallaxe gefunden, er wäre jedoch aufgrund der hohen Präzision seiner neuen Geräte dazu imstande gewesen, wenn diese mehr als eine Bogensekunde betragen hätte, also etwa dem Winkel, unter dem man eine Münze auf eine Entfernung von mehreren Kilometern sehen würde. Aus diesem Ergebnis berechnete er, daß die Entfernung zum nächsten Stern mindestens 400 000 AE betragen müsse, also etwa 58 Billionen Kilometer. Der große Graben zwischen dem Sonnensystem und den Sternen, der bereits unermeßlich groß war, war damit also vollends unüberbrückbar geworden.

Im Laufe der Zeit hatten die Astronomen ihre Teleskopröhren immer weiter vergrößert und waren dafür mit Messungen belohnt worden, die um mehrere Größenordnungen präziser waren als die aus der präteleskopischen Zeit. Diese neuen Meßergebnisse wiederum inspirierten nun Mathematiker wie Laplace, mit Hilfe von auf den Newtonschen Gravitationsgesetzen beruhenden Berechnungen das Sonnensystem noch besser zu verstehen. Doch solange man keine Möglichkeit sah, die optischen Probleme des Refraktors zu überwinden oder gar eine neue Art von Teleskop zu entwickeln, machte die praktische Astronomie im Bereich der großen, interstellaren Entfernungen keine wesentlichen Fortschritte – wenn es dort überhaupt Fortschritte zu erwarten gab.

Tatsächlich *war* sogar bereits einige Jahrzehnte zuvor ein technologischer Durchbruch gelungen, und zwar in Form des Spiegelteleskops – eines Teleskops, das das Licht nicht durch Linsen bündelte, sondern mit Hilfe eines Spiegels. In den 1660er und frühen 1670er Jahren war verschiedenen Mathematikern (darunter Isaac Newton) aufgefallen, daß ein Spiegel in einem Teleskop die gleiche Funktion erfüllen konnte wie Linsen, ohne die bei Linsen oft störenden chromatischen Aberrationen. Im Januar 1721 stellte James Bradley der Royal Society zum erstenmal einen Reflektor, ein Spiegelteleskop, vor, bei dem es ihm durch Ausprobieren gelungen war, neben den chromatischen auch noch die sphärischen Aberrationen zu beseitigen, indem er den Spiegel auf eine parabolische Oberfläche aufbrachte, der einzigen geometrischen Form, die sämtliche Lichtstrahlen zu einem einzigen Brennpunkt bündeln konnte. Dieser Spiegel mit einem Durchmesser von 1,80 m (6 Fuß) erwies sich als wesentlich praktischer zu bedienen als das Teleskop mit einer Brennweite von fast 37 m, das die Royal Society damals benutzte, und es lieferte zudem eine ähnliche Vergrößerung und Auflösung. Im Laufe der nächsten Jahrzehnte wurden die Herstellungsmethoden stetig weiter verbessert, und Reflektoren wurden zu einer ausgesprochen beliebten Alternative zu den langen Refraktoren, besonders bei Amateuren. Die Berufsastronomen bevorzugten dagegen aufgrund der Notwendigkeit, mit Mikrometerapparaturen Präzisionsmessungen vorzunehmen, weiterhin den Refraktor.

Herschel hatte ebenfalls mit Refraktoren begonnen. Mit der nur dem echten Amateur eigenen Naivität hatte er aufgrund seiner Lektüre beschlossen, daß sein Beitrag zur Astronomie die Messung der Sternenparallaxe sein sollte. Zuerst benutzte er einen Refraktor mit einer Brennweite von 1,20 m, dann weitere mit 3,60 m, 4,50 m und schließlich 9 m. Deren schwerfällige Bedienung störte ihn jedoch, und so besorgte er sich bald einen Reflektor von nur 60 cm Länge. Er fand, daß ein Spiegel nicht nur bequemer eine vergleichbare Vergrößerung lieferte, sondern auch, als er in der Folge mit immer größeren Spiegeln zu hantieren begann, einen weiteren Vorteil, der vor allem für Astronomen von besonderem Interesse sein konnte, die sich mit den Sternen beschäftigten: Er zeigte mehr Licht.

Tatsächlich waren Fernrohr und später Teleskop niemals nur ausschließlich Vergrößerungsinstrumente. Zwar war die magische Kraft dieser Röhren, entfernte Objekte scheinbar zum Greifen nahe heranzubringen, gewiß die hervorstechendste Eigenschaft, und die Versuchung, mit dem Verhältnis der Brennweiten von Objektiv und Okular zu spielen und damit das gesehene Bild immer größer und größer zu machen – die magischen Eigenschaften bis zum letzten auszureizen –, verständlicherweise unwiderstehlich.

Dennoch war das Teleskop immer auch ein Instrument zum Sammeln von Licht. Eine Linse oder ein Spiegel können leicht mehr Licht bündeln als die menschliche Netzhaut; wieviel, hängt von der Größe der Öffnung ab, genauer gesagt, vom Quadrat des Durchmessers. Verdoppelt man den Durchmesser, vervierfacht sich die Fähigkeit, Licht zu bündeln, eine Verdreifachung des Durchmessers verneunfacht sie. Zugleich ist die Helligkeit eines beobachteten Objekts umgekehrt proportional zu seiner Entfernung. Ein doppelt so weit entferntes Objekt ist nur noch ein Viertel so hell wie ein einfach entferntes, ein dreimal so fernes nur noch ein Neuntel so hell. Die Schlußfolgerung daraus lag auf der Hand: Verdoppelt man den Durchmesser des Spiegels, kann man doppelt so weit sehen. Herschel war klar, daß es zur Erforschung der Tiefen des Sternenhimmels nicht so sehr auf die Vergrößerung, sondern vielmehr auf das Einfangen von mehr Licht ankam. Es kam nicht darauf an, mehr Details zu sehen, sondern *weiter* zu sehen.

Wie sich herausstellte, war die Betonung des Vergrößerungsaspekts in der Astronomie letztlich der weiteren Entwicklung selbst hinderlich geworden. Wie man beim Galileischen Fernrohr geglaubt hatte, damit seien alle interessanten Objekte mit einem Schlag entdeckt worden, waren auch die Beschränkungen des Keplerschen Teleskops nicht nur rein mechanischer Natur – hingen zum Beispiel nicht nur von der Genauigkeit ab, mit der das Instrument Winkel messen konnte, um eine Parallaxe nachzuweisen. Hinderlicher war vielmehr die Annahme, die Sterne seien einfach zu weit entfernt, um sie untersuchen zu können. Denn natürlich bringt eine Vergrößerung nur bei den Objekten einen

Vorteil, die groß genug sind, daß man einzelne Details erkennen kann, wie bei einem Planeten, einem Satelliten, einem Mondkrater oder einem Sonnenfleck – also bei nach astronomischen Maßstäben nahen Objekten innerhalb des Sonnensystems. Ein Stern dagegen verändert sich durch Vergrößerung nicht: Auch ein vergrößerter Lichtpunkt bleibt eben ein Lichtpunkt. Daher kümmerten sich die Astronomen lange nicht um solche Lichtpunkte, und jede Beobachtung, jede Messung, die die benachbarten Himmelskörper näher zur Erde heranholte und die Sterne weiter ins Abseits drängte, verstärkte diese Einstellung weiter. Bis Herschel mit seinen Beobachtungen begann, waren die Sterne für die Astronomen kaum mehr als zweitrangig.

»Als ich begann, mich mit Astronomie zu beschäftigen, entschloß ich mich, nichts als gegeben hinzunehmen, sondern zunächst einmal mit eigenen Augen alles anzuschauen, was andere bereits vor mir gesehen hatten«, schrieb Herschel. Das war kein Fehler: Damals waren im *British Catalogue* gerade einmal etwa 3000 Sterne verzeichnet, und James Fergusons *Astronomy*, Herschels regelmäßige Bettlektüre, widmete nur ein einziges ihrer 22 Kapitel den Phänomenen außerhalb des Sonnensystems. In dem Kapitel über die Sterne war zu lesen, die Zahl dieser Himmelskörper sei »sehr viel geringer als allgemein angenommen«, und: »Um das Planetensystem *[the Heavens]* herum gibt es einen bemerkenswerten Bereich, der aufgrund seines eigentümlichen Aussehens Milchstraße genannt wird. Früher wurde angenommen, dies rühre von einer großen Zahl kleinster Sterne her; das Teleskop zeigt jedoch, daß es sich wohl anders verhält. Daher muß das milchige Aussehen eine andere Ursache haben.« Herschel dagegen schätzte später einmal, daß während einer einzigen Beobachtungsperiode von 41 Minuten wohl 258 000 Sterne an seinem Spiegel vorbeizogen.

Die Entdeckung des Uranus war zwar eher ein Zufall, paßte aber gut in Herschels Programm. Ein neuer Planet, der etwa doppelt so weit von der Sonne entfernt war wie Saturn, stellte eine erste bedeutende Verbindung zwischen dem alten System der bisher bekannten »Wandelsterne«, den Planeten, und den Fixsternen und dem Himmelsgewölbe dar – also zwischen dem neuerdings als Sonnensystem bezeichneten Bereich und dem Rest des Universums.

Astronomen und die Öffentlichkeit begrüßten den neuen Planeten zunächst mit Wohlwollen wie einen neuen Nachbarn im ansonsten vertrauten Sonnensystem. Bald wurde jedoch klar, daß diese Entdeckung noch weiterreichende Konsequenzen hatte: Hier hatte ein Amateurastronom eine neue Technologie dazu benutzt, um hinter bisher vertraute Grenzen vorzustoßen – oder vielmehr, er hatte eine bereits existierende Technologie auf so neue Anwendungsgebiete ausgedehnt, daß er damit das Überdenken sowohl der Technologie als auch der bisherigen Grenzen erzwang.

Herschels erster Bericht an die Royal Society über einen Kometen löste offene Spekulationen darüber aus, ob der Amateurkorrespondent überhaupt ernst zu nehmen sei – nicht, weil sich seine Entdeckung als ein Planet herausstellte, sondern wegen der Methoden, die er zu seiner Entdeckung eingesetzt hatte. Ein Freund schrieb Herschel aus der Royal Society: »›Was!‹, sagen Deine Gegner, ›für Optiker ist es schon keine Kleinigkeit, ein Teleskop mit 60- oder 100facher Vergrößerung zu verkaufen, und da kommt einer, der behauptet, er hätte eines, das mehr als 6000fach vergrößert! Ist das überhaupt zu glauben?‹«

»Nach Deinem Brief«, antwortete Herschel, »habe ich allmählich eine viel bessere Meinung von meinen Ergebnissen als zuvor. Ich dachte, was ich gesehen habe, hätte man auch mit vielen anderen guten Teleskopen sehen müssen.« Bald darauf packte er sein Instrument sorgfältig ein, brachte es nach London und führte es dort dem Hofastronomen Nevil Maskelyne vor. »Optiker & Astronomen sprechen zur Zeit über nichts anderes als das, *was sie* als meine großen Entdeckungen *bezeichnen*«, schrieb er aus London an Caroline. »Leider zeigt das doch nur, wieviel sie tatsächlich hinterherhinken, wenn sie schon solche Lappalien als *groß* bezeichnen… Dr. Maskelyne läßt mein Modell bereits nachbauen und ein neues Gestell für seinen eigenen Reflektor errichten. Er hängt aber immer weniger an seinem alten Instrument und überlegt noch, ob es überhaupt ein neues Gestell *verdient*.« Einem Freund schrieb er: »Ich vermute, es gibt nicht viele Menschen, die je in der Lage wären, mit einem Gerät wie meinem mit einer 6450fachen Vergrößerung einen neuen Stern zu entdecken, geschweige denn, hätten sie ihn doch entdeckt, auch festzuhalten. Auch das Sehen ist in gewissem Sinn eine Kunst, die erlernt werden muß. Jemandem beizubringen, bei einer solchen Vergrößerung etwas zu erkennen, ist fast das gleiche, wie jemandem das Spielen einer Händel-Fuge auf der Orgel beizubringen. Ich habe das Beobachten in vielen Nächten erlernt, und es wäre verwunderlich, wenn jemand durch eine so lange Praxis nicht eine gewisse Geschicklichkeit erwerben würde.«

Mit der neugewonnenen Anerkennung für sein Talent sowohl als Beobachter als auch als Ingenieur kehrte er aus London zurück. Eines Nachts erlaubte er sich beim Tagebuchschreiben sogar einmal einen für ihn uncharakteristischen Anflug von Stolz: »Nie sah ich so gut, die Nacht war wundervoll – mein Teleskop ist das beste der Welt.«

Gewiß brauchten die Spiegel der Reflektoren weitaus mehr Pflege als die Linsensysteme, denn sie beschlugen rasch. Herschel jedoch war überaus methodisch und geduldig, und die Mühe des Polierens machte ihm nichts aus, vor allem, wenn ihm seine Schwester dabei aus *Don Quijote* und *Tausendundeiner Nacht* oder aus Sterne oder Fielding vorlas. Sicher eigneten sich die Reflektoren auch nicht für die quantitativen Messungen, die man mit den Refraktoren so gut ausführen konnte, doch solche Präzisionsmessungen interessierten Herschel weit weniger als der verbesserte Blick in die Tiefen des Alls. So schrieb er 1785 an einen Freund: »Mein Hauptziel ist es, die – wie ich es nenne – *Reichweite* [power of extending into space] zu erhöhen.«

Der eine anscheinend unüberwindliche Nachteil des Reflektors bestand in der Position, die der Betrachter einnehmen mußte. Im Gegensatz zum Refraktor, der im Prinzip das Licht von dem einen Ende der Röhre zum anderen leitet, wird bei dem Reflektor das Licht wieder zurückgestrahlt, und der Betrachter würde, wenn er seinen Kopf an diese Stelle bringt, dem Licht im Wege stehen. Deswegen verwendete man einen zweiten Spiegel, der die Strahlen zu einem Okular an der Seite des Geräts (bei der Newtonschen Version) oder zurück an die Basis der Röhre leitete (letzteres bei dem Modell des Franzosen Cassegrain). In beiden Fällen schluckte jedoch der zweite Spiegel wertvolles Licht. Herschel hingegen schaffte es schließlich, ohne den zweiten Spiegel auszukommen, indem er den Hauptspiegel geringfügig neigte, so daß das Licht nicht zurück zum Eingang der Röhre reflektiert wurde, sondern zur Seite, von wo das Bild betrachtet werden konnte. Durch diese Technik wurde das Bild zwar geringfügig verzerrt, doch bei den von Herschel verwendeten Spiegelgrößen war dieser Effekt vernachlässigbar.

Für Herschel gab es jedoch einen Hauptvorteil des Reflektors gegenüber dem Refraktor, der leicht alle Nachteile aufwog: Man konnte weitaus größere Spiegel als Linsen herstellen. Als Herschel sich erstmalig nach größeren Spiegeln erkundigte, fand er sie viel zu teuer, und so nahm er Verhandlungen mit Glasbläsereien in Bath und Bristol auf, die ihm Spiegel für seine Bedürfnisse herstellen sollten. Diese hatten jedoch keine Erfahrung mit Spiegeln dieser Größe. Darauf nahm er die Angelegenheit selbst in die Hand. Inspiriert durch die vielen Fabriken, die damals überall in England entstanden, verwandelte er sein Wohnhaus in eine Gießerei. Er tüftelte eine eigene Zusammensetzung für einen Metallspiegel aus, der stark genug sein sollte, daß er sich nicht unter seinem eigenen Gewicht verzog, und schließlich stellte er eine Reihe Arbeiter zum Gießen, Schleifen und Polieren ein, auf deren Arbeitskleidung er Nummern anbringen ließ, um ihnen so Kommandos zurufen zu können.

Nach seinem ersten Auftritt in London fehlte es Herschel nie an Aufträgen. König George III. gewährte ihm einen kostenfreien Vorschuß mit der einzigen Auflage, der königlichen Familie, wann immer sie es wünschte, den Sternenhimmel zu zeigen. Diese Summe ermöglichte es Herschel, seinen Musikunterricht einzustellen (ohnehin hatten es bereits einige seiner Musikschüler vorgezogen, ihre Instrumente beiseite zu stellen und statt dessen während der Unterrichtsstunden über das Weltall zu diskutieren) und sich einzig auf die Astronomie zu konzentrieren, am Tag Teleskope zu bauen und bei Nacht den Himmel zu beobachten. Der König selbst bestellte fünf Reflektoren mit 10 Fuß Brennweite (ca. 3 m). Dem Observatorium von Greenwich verkaufte er zwei 7-Fuß-Modelle, dem König von Spanien ein 25-Fuß-Instrument, und der Zarin von Rußland, dem Kaiser in Wien sowie zahlreichen anderen Monarchen lieferte er weitere Reflektoren unterschiedlicher Größe und Vergrößerungskraft sowie eine beträchtliche Anzahl sonstiger astronomischer Gerätschaften. Bis 1795 hatte er 200 Spiegel mit 7 Fuß Brennweite, 150 10-Fuß- und 80 20-Fuß-Instrumente hergestellt, darunter die beiden Geräte, die er über die Jahre selbst am meisten benutzte, einen »kleinen« 20-Fuß-Reflektor mit einer 12-Zoll-Öffnung (30,5 cm), und einen »großen« 20-Fuß-Reflektor mit einer 18,7-Zoll-Öffnung.

Sein größtes Werk bildete ein 40-Fuß-Reflektor mit einem 48-Zoll-Spiegel, das bei weitem größte Teleskop dieser Zeit überhaupt. Der erste Versuch endete jedoch mit einem Desaster. Die Gußform (aus getrocknetem Pferdemist) zersprang, und flüssiges Metall trat aus. Beim zweiten Versuch kam es sogar noch schlimmer. Diesmal explodierte der Schmelzofen, und knapp fünf Zentner flüssiges Eisen ergossen sich über den Fußboden; Herschel und seine Mitarbeiter entkamen nur knapp dem glühenden Strom und den umherfliegenden Kacheln. Bis zum nächsten Versuch wartete Herschel einige Jahre, doch beim dritten Mal hatte er Erfolg. Er montierte den Spiegel in eine Blechröhre, diese in einen Holzrahmen, und stellte diesen auf 20 Rollen, die entlang einer niedrigen, runden Mauer liefen, wodurch er das Teleskop in jeden beliebigen Winkel des Himmels richten konnte. Im Nu wurde es als »Achtes Weltwunder« berühmt, nicht nur als Touristenattraktion, sondern als internationales Reiseziel von eigenständiger Bedeutung.

Herschel jedoch war nicht nur einfach ein Amateur, der sich einen Ruf verschafft hatte, weil er zufällig auf eine Technologie gestoßen war, die ihr Potential noch nicht ausgereizt hatte. Er war auch Theoretiker. Wie Galilei war er der richtige Mann am richtigen Ort zur richtigen Zeit. Neben Uranus (den er beharrlich weiter *Georgium Sidus*, »König Georges Stern«, nannte) entdeckte Herschel außerdem noch zwei Uranus- und zwei Saturnmonde (Caroline, die inzwischen ihre Karriere als Sängerin aufgegeben hatte, machte sich selbst einen beachtlichen Namen als Entdeckerin von Kometen; in zehn Jahren fand sie acht neue). All dies waren bereits bedeutende Leistungen und dennoch im Vergleich zu seinem Hauptziel eher Zufallsentdeckungen, denn: »Das Hauptziel meiner Beobachtungen war immer, herauszufinden, wie das Weltall aufgebaut ist.«

1783 kam Herschel aufgrund der Entdeckung Halleys, daß mindestens drei Sterne am Firmament nicht »fix« sind, zu dem Schluß, »daß kaum ein Zweifel an der allgemeinen Bewegung der Sternensysteme bestehen kann, und damit auch der des Sonnensystems«. Außerdem, schrieb Herschel, bewege sich das Sonnensystem nicht nur, sondern er gab auch eine Richtung an, in die es sich zu bewegen schien, nämlich in Richtung des Sterns Lambda Herculi. Weiterhin kam er zu dem Schluß, daß alle diese Sterne einschließlich der Sonne kein unendliches System bildeten (sonst müßte der Nachthimmel taghell erleuchtet sein), sondern eines mit definierter Gestalt, Größe und Struktur. Er machte sich sogar Gedanken über eine solche Struktur, indem er annahm, daß die Sterne mehr oder weniger gleichmäßig im Weltall verteilt seien, und er mit seinen Teleskopen bis an den Rand des Universums vordringen könne. Es kam nicht darauf an, ob diese Annahmen richtig waren (sie waren es nicht); das Entscheidende war, daß sie Herschel motivierten, jahrzehntelang Daten zu sammeln, mit denen er die existierenden Kataloge der Himmelskoordinaten – er selbst arbeitete oft mit Flamsteeds *Historia Coelestis Britannica* – um eine dritte Dimension ergänzen und sogar ein vernünftiges Modell der Welt der Sterne konstruieren wollte. Diese war für ihn »ein großer Haufen, eine Galaxie, geformt etwa wie eine konvexe Linse«.

Schließlich erkannte Herschel gegen Ende seines Lebens eine weitere Konsequenz seiner Forschungen zur dritten Dimension des Alls. Wenn Licht 9,4 Billionen Kilometer pro Jahr zurücklegt, während die *nächsten* Sterne einige Dutzend Billionen Kilometer entfernt sind und seine Instrumente in der Lage waren, Licht von noch Tausende Male entfernteren Sternen aufzunehmen, dann war eine merkwürdige Schlußfolgerung unvermeidlich: »Ein Teleskop, das in die Tiefen des Alls vorstoßen kann«, schrieb er, »kann damit, wie man sagen könnte, auch in die Vergangenheit blicken«.

Wieder einmal bestätigte sich das Bild des Universums als gigantisches Uhrwerk. Als Herschel einen neuen Planeten entdeckte, schien er damit den Optimismus des 19. Jahrhunderts nur einmal mehr zu bestätigen, den Glauben, *alles* sei möglich. Als Herschel tatsächlich sehr viel später Hinweise auf Doppelsternsysteme fand, die anscheinend um ein gemeinsames Schwerkraftzentrum kreisen, erweiterte er Newtons Gesetz vom Sonnensystem auf die Sterne und machte es damit wirklich universell.

»Ich habe weiter ins All geschaut als jemals ein Mensch zuvor«, schwärmte Herschel 1813 gegenüber dem 26jährigen Dichter Thomas Campbell. »Ich habe Sterne beobachtet, deren Licht, das kann bewiesen werden, zwei Millionen Jahre bis zur Erde unterwegs war.«

Coelorum perrupit claustra, lautet Herschels Grabinschrift: »Er durchbrach die Grenzen des Himmels«. Mehr als jeder andere Astronom seit Galilei hatte Herschel die Welt beeindruckt. Seine Leistungen waren nicht nur von der Art, wie sie seine Kollegen schätzten, sie fesselten auch die Phantasie der einfachen Leute und veränderten das Weltbild. Etwa 40 Jahre nach der Entdeckung des Uranus schrieb John Keats:

Then felt I like some watcher of the skies,
When a new planet swims into his ken.

Dann fühlte ich mich wie ein Beobachter des Himmels,
wenn ein neuer Planet in seinem Gesichtskreis auftaucht.

Doch noch treffender erfaßte der junge Lord Alfred Tennyson den Geist der Zeit, als er seinen Bruder drängte, seine Schüchternheit mit folgender Medizin zu kurieren: »Fred, denke an Herschels großartige Sternenhaufen, und dann wirst du es schaffen.«

Herschel dagegen erreichte trotz aller Erfolge niemals sein Ziel, festzustellen, wie weit entfernt die nächsten Sterne waren. Die Sternenparallaxe blieb weiterhin ein Rätsel, das vielleicht von einer zukünftigen Generation mit präziseren Meßinstrumenten gelöst werden konnte. Herschel konnte noch nicht einmal annähernd sagen, wie weit entfernt die fernsten Sterne sind, geschweige denn etwas über den Rand des Universums. In seinem letzten größeren wissenschaftlichen Aufsatz 1817 faßte Herschel sein Lebenswerk zusammen:

Aufgrund dieser Beobachtungen scheint es, daß noch nicht einmal mit der äußersten weltalldurchdringenden Kraft des 20-Fuß-Teleskops die Tiefe der Milchstraße ausgelotet werden kann. Wir haben sogar Grund zur Annahme, daß eine erneute Beobachtung der Milchstraße mit dem 40-Fuß-Teleskop dieses brillante Arrangement von Sternen auch bis zu dessen Grenzen ausdehnen würde, also bis zu 2300 mal so weit, und daß es uns dann wahrscheinlich in der gleichen Ungewißheit zurückläßt wie das 20-Fuß-Teleskop.

Und auch fast ein halbes Jahrhundert, Tausende von Nächten, Millionen von Beobachtungen, nachdem William Herschel seine Aufmerksamkeit erstmals auf die Sterne gerichtet hatte, mit den stärksten Instrumenten seiner Zeit, waren also die Grenzen des Universums noch immer nicht in Sicht.

Teil III

Jenseits der Grenzen

KAPITEL 5

MEHR LICHT

Zu Beginn des 20. Jahrhunderts umfaßte das Universum genau eine Galaxie. Knapp 300 Jahre zuvor hatte Galilei durch eines der ersten Fernrohre geblickt und Beweise für die Behauptung von Kopernikus gefunden, die Erde und die Planeten drehten sich um die Sonne. Damit war der Begriff des Sonnensystems entstanden. Ende des 18. Jahrhunderts hatte William Herschel die bis dahin größten Teleskope aller Zeiten gebaut und die Sterne aller Himmelsrichtungen gezählt, um den Aufbau des Weltalls zu ermitteln. Damit wurde der Begriff der Galaxie geprägt. Und doch war es trotz erheblicher Fortschritte in der Teleskoptechnologie im Jahrhundert nach Herschel nicht gelungen, Himmelskörper jenseits der Sterne nachzuweisen. Überall stellten sich nun Astronomen die gleiche Frage: War dies also schon das Ende der Reise? Hatten sie wirklich in die entferntesten Winkel des Universums geblickt? Und sollte das der Fall sein – wenn alles, was man mit den stärksten Instrumenten sehen konnte, innerhalb der Galaxie der Milchstraße lag und die Grenzen der Milchstraße die Grenzen des Universums bildeten –, was lag dann *jenseits* dieser Grenzen?

Einige Beobachter schienen nun zeitweise sogar bereit, sich angesichts der schier unfaßbaren Größe der Aufgabe geschlagen zu geben. Über den Bereich jenseits der Milchstraße schrieb der Historiker Robert Ball 1886 in seinem Buch *The Story of Heavens*: »Wir haben einen Punkt erreicht, wo der menschliche Intellekt keine weitere Erleuchtung mehr bringt und wo seine Phantasie schon bei dem Bemühen unterliegt, sich allein das bereits Bekannte vorzustellen.« 1905 schrieb die führende Astronomiehistorikerin des 19. Jahrhunderts, Agnes Clerke, es sei »praktisch sicher«, daß das Universum nur aus einer einzigen Galaxie bestehe, und sie fügte hinzu: »Mit den unendlich vielen Möglichkeiten jenseits davon braucht sich die Wissenschaft nicht mehr zu befassen, sie gehen über ihren Bereich hinaus.« Es war, als ob aus dem mittelalterlichen »Nicht weiter!«, das die Seher und Weisen der späten Renaissance triumphierend in ein »Weiter voran!« verwandelt hatten, nunmehr ein »Weit genug!« geworden sei. »Von der Unendlichkeit in all ihren Aspekten können wir wirklich nichts wissen«, schloß 1903 Alfred Russel Wallace, der einige Jahrzehnte zuvor zur gleichen Zeit wie Charles Darwin die Evolutionstheorie entwickelt hatte. »Für mich ist ihre Existenz absolut, aber unvorstellbar – dort beginnt der Wahnsinn.«

Dies schien noch nicht einmal übertrieben: So pflegte zum Beispiel George Ellery Hale Kontakt mit einer Elfe, die ihn zum erstenmal in Ägypten während eines Erholungsaufenthaltes 1910 nach einem seiner periodischen Nervenzusammenbrüche besuchte. Einige Wochen später ließ sich die Elfe in Rom wieder blicken und trieb Hale dazu, das Buch hinzulegen, das er gerade las, und sich wieder an die Arbeit zu machen. »Ich habe keine Ahnung, wie ich dieser neuen Form von unablässiger Folter entgehen kann«, schrieb er bei dieser Gelegenheit an einen Freund, doch im Laufe der Jahre, als die Besuche der Elfe regelmäßig wurden und als er sich immer weiter aus der Öffentlichkeit zurückzog, empfand er diese Störungen allmählich als eine besondere Art von Freundschaft. Es gibt keinen Beleg dafür, daß die Elfe mit Hales häufigen Ausflügen in die Unendlichkeit in Zusammenhang stand, ebensowenig wie zu beweisen ist, daß Galileis Blindheit von seinem ständigen Beobachten der Sonne herrührte. Doch für den Astrophysiker, der den Bau von vier der größten Teleskope der Welt überwachte und der sich (offenbar schmerzhaft) bewußt war, daß er die letzte und größte Hoffnung für die Astronomen war, die immer noch herausfinden wollten, wo die Grenzen des Universums waren, hatte vielleicht gerade eine Elfe die richtige Lösung parat.

Hales Füße kribbelten, sein Kopf schmerzte, seine Ohren klingelten, und seine Alpträume ließen ihn im wahrsten Sinne des Wortes die Wände hochgehen. (»Manchmal stand er mitten in der Nacht auf und versuchte in seinem gequälten Halbschlaf, an den Bilderrahmen hinaufzuklettern«, erinnerte sich ein Freund.) Er erlebte Perioden von Klarheit, Produktivität, bebender Energie und Schaffensdrang, und erlitt Zeiten von erschöpfender Depression und Einsamkeit. Er neigte, wie er selber gestand, zum »Übereifer«, der seinen »kaputten alten Kopf« stark in Mitleidenschaft zog. Aber er konnte nicht anders. Immer wenn er von der Vision eines neuen Geräts gepackt war, das noch weiter ins All und in die Vergangenheit blicken konnte als das vorhergehende, konnte er nicht aufhören zu arbeiten, bevor er es realisiert hatte, und dann überwachte er selbst jede Einzelheit der Routinearbeiten, während er gleichzeitig schon detaillierte Pläne für sein nächstes, noch besseres Instrument anfertigte. »Mehr Licht!«, pflegte er seinen Mitarbeitern zuzurufen, bevor er den Raum verließ und sich selbst darum kümmerte.

Sein erstes größeres Teleskop war ein Refraktor mit 40 Zoll (101,6 cm) Durchmesser, das 1897 am Yerkes-Observatorium der Universität Chicago in Betrieb ging. Es konnte 35 000 mal so viel Licht aufnehmen wie das menschliche Auge. Etwa zehn Jahre später installierte Hale einen 60-Zoll-Spiegel auf dem Mount Wilson bei Los Angeles, mit einer Lichtempfindlichkeit vom 57 600fachen des menschlichen Auges, und weitere zehn Jahre später einen weiteren Spiegel auf dem Mount Wilson, diesmal mit 100 Zoll Durchmesser und einer Empfindlichkeit vom 160 000fachen des bloßen Auges – damit konnte man Sterne der 19. Größenordnung entdecken, was einer Kerze auf 3860 km Entfernung entspricht, und mit fotografischen Platten Sterne der 21. Größenordnung fotografieren, entsprechend einer Kerze auf 15 500 km. Und selbst weitere zehn Jahre später rief er immer noch, wenn auch durch seine psychische Erkrankung ruhiger, doch mit genauso großer Überzeugung wie ehedem: »Mehr Licht!«

Im Verlauf des 19. Jahrhunderts hatten die Astronomen Herschels Lektionen gelernt. Wie gewissenhaft, kann man daran erkennen, daß zu Hales Zeiten Teleskope bereits nicht mehr durch ihre Brennweite, sondern durch den Durchmesser ihrer Öffnung charakterisiert wurden, nicht mehr dadurch, wie stark ein Bild vergrößert wurde, sondern dadurch, wie gut es Licht sammelte. Das Yerkes-Teleskop zum Beispiel war nie ein 63-Fuß-, sondern immer ein 40-Zoll-Refraktor. Die Vergrößerungsfähigkeit blieb zwar außerordentlich wichtig, doch in vielerlei Hinsicht war die Geschichte der Entwicklung der Teleskope im Jahrhundert von Herschel bis Hale durch einen Wechsel der Schwerpunkte gekennzeichnet, von einer neuen Priorität: der Bedeutung von mehr Licht. Mehr Licht bedeutete mehr Tiefe, und mehr Tiefe bedeutete, das lernten die Astronomen schnell, mehr Nebel.

Als Nebel werden die schwachen, nicht genau erkennbaren schmutzigen Flecke am Nachthimmel bezeichnet, die sich weder als Planeten noch als Sterne identifizieren lassen. Vor der Erfindung des Teleskops hatten Astronomen neun solcher Objekte entdeckt. Zwischen Galilei und Herschel war die Zahl der bekannten Nebel auf 90 gestiegen. Als Herschel seine Arbeiten abgeschlossen hatte, waren es 2500. Im Dezember 1781 hatte Herschel einen Katalog mit 68 Nebeln erhalten, der im Jahr zuvor von Charles Messier veröffentlicht worden war, einem auf die Entdeckung neuer Kometen spezialisierten Astronomen, der die Liste aufgestellt hatte, weil sie ihn bei seiner eigentlichen Arbeit störten. Herschel dagegen war von den Nebeln fasziniert und sah sie als eigenständige Forschungsobjekte an. Wenn er gerade einmal keine Sterne zählte, versuchte er oft, Nebel zu klassifizieren. Er konnte jedoch nie herausfinden, ob Nebel einzelne Sterne, umgeben von einer Art Schale, sind, kompakte Sternhaufen, eine mysteriöse gasförmige Substanz oder gar, wie es damals ausgedrückt wurde, »Welteninseln« *(island universes)*, umfangreiche Ansammlungen von Sternen, völlig getrennt von unserer Milchstraße und von ähnlichen Ausmaßen wie diese. Alles, was er sicher wußte, war: Je weiter er blickte, desto mehr dieser Nebel fand er, oft in neuen und rätselhaften Formen.

Der großkalibrige Refraktor und die Suche nach Nebeln erreichten in den Jahrzehnten nach Herschels Tod neue Extreme. 1845 baute ein irischer Adliger, William Parsons, der dritte Earl of Rosse, ein Spiegelteleskop, das als der Leviathan von Parsonstown bekannt wurde: ein Spiegel mit 1,82 m Durchmesser und einem Gewicht von 3,6 t an der Basis einer offenen, 16,50 m langen Röhre, die an Ketten zwischen zwei über 15 m hohen Steinmauern befestigt war. Der Beobachter blickte von einer wackligen Plattform aus großer Höhe in die Röhre hinab. Wie man sich vorstellen kann, war das Gerät nicht besonders mobil, und die Sicht auf dem Gelände des gräflichen Schlosses in dem immer feuchten, windumtosten Irland war, vorsichtig gesagt, nicht gerade ideal. Zusätzlich engagierte sich der Graf bei der Linderung der durch die mehrjährige Kartoffelfäule ausgelösten Hungersnot und unterbrach seine Beobachtungen für längere Zeit. Trotz dieser Rückschläge konnte mit dem Leviathan ein bedeutender Beitrag zur Astronomie geleistet werden. Im Frühjahr 1845 untersuchte Parsons den Nebel 51 Messier (»51 M«, nach dem Numerierungssystem des Messier-Katalogs, der auch schon Herschel inspiriert hatte) und entdeckte, daß dieser eine merkwürdige Form aufwies – er bildete eine Spirale. Im Laufe der nächsten Jahrzehnte fand Lord Rosse noch mehr Nebel der gleichen Gestalt, und zwar so viele, daß sich die Astronomen zu fragen begannen, ob sich nicht überhaupt die meisten Nebel als Spiralen herausstellen würden, wenn nur ihre Teleskope stark genug wären, genug Licht zu absorbieren.

Denn inzwischen hatte auch der Reflektor seine technologischen Grenzen erreicht, und zwar aus Gründen, die bereits William Herschel vorhergesehen hatte. So hatte dessen großes 40-Fuß-Teleskop mit seinem 120-cm-Spiegel trotz seines guten Rufs seinen Erbauer letztlich enttäuscht. Es war einfach zu umständlich zu bedienen. Man benötigte hierzu zwei Männer, und selbst ein Wetterumschwung geriet so zu einem Wettlauf gegen die Zeit. Ein 20-Fuß-Teleskop dagegen konnte der Beobachter alleine in 10 Minuten einstellen. Aufgrund der außerordentlichen Schwierigkeiten, einen Spiegel mit 1,20 m Durchmesser herzustellen, gab es keinen Ersatzspiegel – wenn der Spiegel poliert werden mußte, war das Teleskop eben einfach außer Betrieb. Und das war ziemlich häufig der Fall. Damit der Metallspiegel nicht unter seinem eigenen Gewicht zerbrach, hatte Herschel die Legierung durch Zugabe von Kupfer verstärkt, wodurch er noch sehr viel schneller beschlug als der relativ leichtere Spiegel eines 20-Fuß-Teleskops. »Ein 40-Fuß-Teleskop«, schrieb Herschel, »sollte nur zur Beobachtung von Objekten verwendet werden, die mit anderen Geräten nicht zu erreichen sind. Die Verwendung eines stärkeren Instruments als notwendig bedeutet Zeitverschwendung, die sich in einer schönen Nacht kein Astronom erlauben kann.« Im Laufe der Jahrzehnte benutzte er sein 40-Fuß-Teleskop immer weniger und polierte es immer häufiger. Eines Nachts im Jahre 1815 notierte er: »Der Spiegel ist völlig beschlagen«, und benutzte ihn nie wieder.

An diesem Punkt steckte auch die Geschichte des Teleskops in einer jener periodischen Sackgassen, wo eine Technologie das Bedürfnis nach weitergehender Information nicht mehr befriedigen kann. Diesmal jedoch ging es relativ rasch wieder weiter. Bereits 1856 kamen ein deutscher Mathematiker und ein französischer Physiker unabhängig voneinander auf eine Methode, wie man eine dünne, gleichmäßige Silberschicht auf Glas auftragen und damit ähnliche Reflexionseigenschaften erreichen konnte wie mit blankpoliertem Metall. Die mit diesem Prozeß hergestellten Spiegel waren nicht nur leichter als die metallischen und damit leichter aufzubauen und zu manövrieren, sondern auch effektiver. Es stellte sich heraus, daß silberbeschichtete Glasspiegel eineinhalbmal so viel Licht reflektierten wie Metallspiegel.

Für Präzisionsbeobachtungen dominierte hingegen der *Refraktor* noch die professionelle Astronomie während fast des gesamten 19. Jahrhunderts. Schließlich hatte eine Mitte des 18. Jahrhunderts erfundene Okularkombination aus drei Linsen endlich die chromatischen Aberrationen beseitigt (auch brauchte man damit keine absurd langen und unpraktischen Refraktoren mehr), und andere Fortschritte beim Glasschliff und der Herstellung von reinem Glas hatten die sphärischen Aberrationen entscheidend verringert. Tatsächlich hatten sich gegen Ende der 1830er Jahre Qualität und Größen von Glaslinsen derart entwickelt, daß es drei Astronomen unabhängig voneinander gelang, was lange vergeblich versucht worden war: Die Bestimmung der Entfernung zu einem Stern. Die Ehre der Erstentdeckung gebührt Friedrich Wilhelm Bessel, dem eine Parallaxenmessung am Stern Nr. 61 des Sternbildes Schwan (61 Cygni) gelang, einem Stern, der mit bloßem Auge gerade eben noch wahrgenommen werden kann. Bessel errechnete eine Entfernung von 657 700 AE oder etwa 97 Billionen Kilometern. Nun hatten die Astronomen eine genaue Entfernungseinheit vom Sonnensystem zu den Sternen zur Verfügung und zugleich einen neuen Beweis für die Präzision des Refraktors: Der Unterschied der von Bessel (im Verlauf von zwei sechs Monate auseinanderliegenden Beobachtungen) gemessenen Sternpositionen betrug eine drittel Bogensekunde, was etwa 60 cm auf 420 km Entfernung entspricht.

Doch bei der Größe – und damit der Fähigkeit, Licht zu bündeln – konnten Refraktoren nur bis zu einem gewissen Punkt mit den Silberglasspiegeln mithalten: Selbst der größte und unhandlichste Spiegel lag sicher im Boden des Instruments, während eine Glaslinse immer in der Höhe befestigt war und dabei ihr eigenes Gewicht tragen mußte. Wenn sie durchhing, funktionierte das Teleskop nicht mehr. Natürlich war eine dicke Linse stärker, aber sie schluckte auch mehr Licht, und bei einem Durchmesser von über einem Meter hätte eine Glaslinse so dick sein müssen, daß sie mehr Licht geschluckt hätte als ein entsprechender silberbeschichteter Glasspiegel. Im Laufe des 19. Jahrhunderts verstanden die Astronomen allmählich, daß ihnen mit der höheren Lichtstärke des Reflektors eine ganz neue Technologie zur Verfügung stand, und das Spiegelteleskop wurde schließlich in den meisten größeren Observatorien zum Instrument der Wahl.

In gewisser Weise hatte die Forderung nach mehr Licht die moderne Astronomie zu ihren Wurzeln aus der Zeit der Erfindung des Teleskops zurückgeführt. Als langer Refraktor war das Teleskop ein perfekt geeignetes quantitatives Instrument zum Abschluß der Berechnungen des Newtonschen Kosmos aus Ursache und Wirkung geworden. Bei der von Herschel aufgestellten Forderung nach mehr Licht war es jedoch nicht unbedingt um eine Suche nach Zahlen gegangen. Ebenso wie die ersten erstaunten Leser von *Sidereus Nuncius* einen Blick durch das Fernrohr werfen wollten, um zu sehen, was Galilei gesehen hatte, wollten die Astronomen des 19. Jahrhunderts sehen, was Herschel gesehen hatte, und als es soweit war, wollten sie *mehr* sehen.

Denn mehr Licht bedeutete größere Tiefe und damit mehr Nebel. Doch was bedeuteten mehr Nebel? Bei der Suche nach ihnen stellten sich insbesondere zwei Fragen: Was waren Nebel überhaupt? Und wo genau befanden sie sich?

Passenderweise begann die Forschung nach den Antworten auf diese Fragen in William Herschels Hinterhof. Im Jahre 1839 verabschiedete sich John Herschel, wie sein Vater Astronom und Komponist, endgültig von dem berühmten, verlassenen 40-Fuß-

Reflektor. Er entfernte den Spiegel, baute die verrotteten Holzfassungen auseinander und lagerte die hölzerne Röhre auf dem Rasen. Dann versammelte er Frau und Kinder und eine kleine Musikantengruppe in der hohlen Röhre, und sie sangen das »Requiem auf den 40-Fuß-Reflektor von Slough: vorgetragen zum Jahreswechsel 1839/40«:

Im Bauch des alten Teleskops sitzen wir,
Die Schatten des Vergangenen umflattern uns hier,
Singen laut und kräftig ihm dies Totenlied,
Wo das alte Jahr endet und das neue entsteht.
Frohgemut laßt uns alle singen,
Das alte Teleskop dabei rasseln und klingen.

Das Teleskop war nun demontiert, aber dennoch, wie sich herausstellen sollte, nicht vollends vergessen. Denn einige Monate vor dem Abbau hatte John noch für die bleibende Erinnerung an das ehemalige Weltwunder gesorgt, indem er es in der ersten Fotografie auf Glas ablichtete.

John Herschel hatte bereits seit 20 Jahren optische und chemische Experimente durchgeführt, und er war einer der ersten wirklichen Pioniere der Fotografie. Tatsächlich prägte er sogar den Begriff »Fotografie«, ebenso wie die Begriffe »Positiv«, »Negativ« und »Schnappschuß«. Genau wie bei dem Fernrohr der frühen Tage dürfte es für einen Neuling auch nicht von erster Wichtigkeit gewesen sein, ein lichtempfindliches Instrument in den dunklen Himmel zu richten, doch die Versuchung erwies sich bald als unwiderstehlich. 1840 gelang es dem amerikanischen Chemiker Henry Draper, nach 20 Minuten Belichtungszeit eine erste – wenn auch blasse – Daguerreotypie (eine hochpolierte, iodbedampfte Silberplatte) des Mondes herzustellen. Im Laufe der nächsten 10 Jahre folgten weitere Erstfotografien von Himmelsobjekten: eine Sonnenfinsternis, die Sonne selbst, und schließlich

Sterne. Der Direktor des Observatoriums von Paris, auch ein früher Daguerreotypie-Amateur, sah eine Zeit voraus, in der die Fotografie sogar bei der Kartierung des Mondes und der Bestimmung der Größen der Sterne nützlich sein würde. »Wenn Beobachter ein neues Instrument für das Studium der Natur einsetzen«, schrieb er, »ist es schließlich immer so, daß das, was sie erwartet haben, nur wenig ist im Vergleich zu der Fülle der Entdeckungen, die schließlich mit diesem Instrument gemacht werden – in solchen Fällen kann man sogar mit völlig Unerwartetem rechnen«.

Anfangs erleichterte die Fotografie den Astronomen vor allem die Arbeit, insbesondere, nachdem technische Verbesserungen Glasplatten überflüssig gemacht hatten und eine höhere Lichtempfindlichkeit erreicht war, wodurch die Belichtungszeiten um den Faktor 20 bis 30 verringert werden konnten. »Es ist erstaunlich«, schrieb ein Astronom der Harvard-Universität an einen Freund, »was man nun leisten kann, und zwar völlig ohne den ganzen Ärger und die Quälerei, von denen man sonst kaum je verschont blieb. Wenn die Platten erst einmal entwickelt sind, kann man sie bequem bei Tag betrachten. Sie stellen ein Dokument dar, bei dem kein Raum mehr bleibt für Zweifel oder Fehler, was die Verläßlichkeit betrifft.« Produktivität, Präzision, Gewißheit: Was mehr konnte ein Astronom erwarten?

Natürlich noch mehr Licht, was sonst. Ebenso wie sich das Teleskop als Instrument erwiesen hatte, das mehr als nur vergrößern konnte, erwies sich auch die Kamera nun für die Astronomie von größerer Bedeutung als nur zum Aufnehmen eines Fotos. Wie das Teleskop war auch sie in der Lage, Licht zu sammeln – mehr als die menschliche Retina. 1882 lieh sich David Gill, Astronom Ihrer Majestät am Königlichen Observatorium am Kap der Guten Hoffnung, eine Kamera aus, um einen Kometen aufzunehmen, und entdeckte auf der entwickelten Aufnahme ein Unzahl von Sternen im Hintergrund, die ihm bis dahin noch nie aufgefallen waren. Daraufhin verbrachte er die fünf folgenden Jahre damit, die südliche Hemisphäre zu fotografieren. Er teilte die Halbkugel in 612 Felder ein, und belichtete jedes von ihnen eine halbe bis eine ganze Stunde lang. Der daraus entstandene Katalog, bekannt als *Cape Photographic Durchmusterung*, enthielt alle Sterne des südlichen Sternenhimmels bis zu einer Größenklasse von 9,5 – insgesamt 454 875 Sterne, womit ein überzeugender Beweis erbracht wurde, daß die Fotografie mit dem Teleskop zusammen in der Lage ist, dauerhafte und aussagekräftige Daten zu liefern.

Doch im Gegensatz zum Teleskop *bündelte* eine Fotografie nicht nur Licht, sondern *speicherte* es auch – und zwar um so mehr, je länger die Belichtungszeit war. Im Jahre 1888 enthüllte eine Aufnahme des britischen Astronomen Isaac Roberts mit einem 20-Zoll-Reflektor und einer Belichtungszeit von drei Stunden zum erstenmal, daß es sich bei dem Andromeda-Nebel um einen Spiralnebel handelt. Kurz darauf richteten die französischen Brüder Paul und Prosper Henri ein fotografisches Teleskop auf die Plejaden, belichteten mehrere Stunden lang und zählten anschließend 2326 Sterne – in der gleichen Region, wo Galilei in *Sidereus Nuncius* triumphierend 40 neue Sterne »zu den sechs oder sieben mit bloßem Auge sichtbaren« hinzugefügt hatte. Und das war noch nicht einmal ihr bestes Ergebnis. Hier, in dieser Region, die die Astronomen seit Anbeginn erforscht hatten, fanden sie auch noch einen neuen Nebel.

Schon alleine durch die Fähigkeit, Licht zu speichern, wurde die Fotografie für die Astronomie rasch unentbehrlich. Im Jahre 1900 verblüffte James Keeler, der Direktor des kalifornischen Lick Observatory, seine Kollegen mit der Einschätzung, die Zahl der mit seinem 36-Zoll-Reflektor auffindbaren Nebel betrage etwa 120 000, »mit allen denkbaren apparenten Größen, vom großen Andromeda-Nebel bis hinunter zu einem kleinen Objekt, das kaum von einem entfernten schwachen Stern zu unterscheiden ist«. Besonders seine Arbeiten trugen zur Anerkennung der Fotografie in der professionellen Astronomie bei. Soviel Licht ein großes Teleskop auch immer sammeln mochte, dieses Ergebnis war mit Hilfe einer Kamera immer noch um ein Vielfaches zu übertreffen.

Doch damit nicht genug: Ein weiteres Instrument kam nun hinzu, das der Astronomie eine völlig neue Qualität verlieh: das Spektroskop. In den 1830er Jahren hatte der französische positivistische Philosoph Auguste Comte argumentiert, nicht Erforschbares es sei es nicht wert, erforscht zu werden, und als Beispiel dafür die Zusammensetzung der Himmelskörper angeführt – die bereits für Aristoteles aus jenem geheimnisvollen Fünften Element, der Quintessenz, bestanden hatten und bei deren Identifizierung auch die modernen Astronomen trotz jahrhundertelanger Forschung keinen Schritt weitergekommen waren. Comte schrieb: »Wir können uns nun vorstellen, daß wir irgendwann die Formen, Entfernungen und die Bewegungen [der Sterne] bestimmen können, doch wir werden niemals und mit keinen Mitteln ihre chemische Zusammensetzung oder ihre mineralogische Struktur aufklären können.« Offenbar war er selbst von diesem Argument so beeindruckt, daß er einige Jahre später mit noch größerem Nachdruck wiederholte: »Jetzt wird schon seit einem halben Jahrhundert vergeblich versucht, neben der Astronomie des Sonnensystems auch noch eine Astronomie der Sterne zu betreiben. Doch in den Augen desjenigen, für den Wissenschaft aus Gesetzen und nicht nur aus zusammenhanglosen Einzeldaten besteht, kann letztere nur dem Namen nach existieren, während die wahre Astronomie nur erstere sein kann; und ich möchte durchaus behaupten, daß das immer so bleibt.«

Comte starb 1857. Zwei Jahre später benutzten zwei Physiker das Spektroskop, um die chemische Zusammensetzung der Sonne zu untersuchen. Und fünf Jahre später versuchte ein Astronom, mit einem Spektroskop herauszufinden, aus welchem Stoff die Sternennebel sind.

Das Spektroskop war 1815 von dem gelernten Glasschleifer und Spiegelmacher und späteren großen deutschen Physiker Joseph Fraunhofer bei der Wiederholung eines Experiments von Newton aus dem Jahr 1666 erfunden worden. Wie jener ließ er Licht durch ein Prisma fallen, doch mit dem Unterschied, daß der Sonnenstrahl vorher durch ein Teleskop geleitet worden war. Und dabei entdeckte Fraunhofer nicht das gleiche kontinuierliche Farbenspektrum von Violett bis Rot, das Newton gefunden hatte, sondern eine »fast unzählbare Anzahl dicker und dünner vertikaler Linien«. Fraunhofer zählte die Linien dennoch und vermaß sie, und am Ende identifizierte er über 500 allein im Sonnenspektrum, obwohl er niemals erfahren sollte, was diese Linien bedeuteten.

Dies fanden erst in den 1850er Jahren zwei andere deutsche Wissenschaftler heraus, der Chemiker Robert Wilhelm Bunsen und der Physiker Gustav Robert Kirchhoff: Die Linien entstanden durch die chemische Zusammensetzung der Stoffe, von denen das Licht ausging. Unterschiedliche chemische Verbindungen erzeugten unterschiedliche Linienspektren, und jede Substanz besaß ihr eigenes, unverwechselbares Muster. Und weil damit auch jedem Muster eindeutig eine Verbindung zuzuordnen war, war damit sogar die Zusammensetzung der Himmelskörper in Reichweite gerückt, zumindest theoretisch.

1863 richtete der britische Astronom William Huggins sein Instrument auf einen Nebel im All. Er wußte, wenn er ein kontinuierliches, vielfarbiges, linienübersätes Spektrum entdeckte, würde dies nach Bunsen und Kirchhoff bedeuten, daß sein Objekt einen oder viele Sterne enthalten würde; sähe er ein ununterbrochenes Band, hätte er glühendes Gas vor sich. Später erinnerte sich Huggins an diesen Augenblick:

Am Abend des 29. August 1864 richtete ich das Teleskop zum ersten Mal auf einen Nebel im Sternbild des Drachen [Draco]. Der Leser möge sich nun selbst vorstellen, wie aufgeregt und zugleich ein wenig beklommen ich war, als ich, nach einigen Momenten des Zögerns, zum erstenmal durch das Spektroskop blickte. Würde ich nun ein Geheimnis der Schöpfung erblicken?

Ich schaute in das Spektroskop. Kein Spektrum, wie ich es erwartet hatte! Nur eine einzige, leuchtende Linie!

Huggins kontrollierte erneut das Spektroskop. Die Apparaturen waren in Ordnung, die Beobachtung offensichtlich real. »Das Rätsel der Nebel war damit gelöst. Die Antwort, die uns das Licht selbst geliefert hatte, lautete: Hier war kein Sternhaufen, sondern ein leuchtendes Gas.«

Genaugenommen war damit nur das Rätsel *dieses* Nebels gelöst. In den folgenden beiden Jahren untersuchte Huggins insgesamt 60 weitere Nebel und fand heraus, daß ein Drittel davon ebenfalls ein leuchtendes Linienspektrum aufwies, das auf leuchtendes Gas hindeutete, also in William Herschels Worten »wahre Nebulosität« offenbarte, die übrigen dagegen kontinuierliche Spektren, die auf einen oder mehrere Sterne hindeuteten. Das Experiment mit dem Nebel im Drachen jedoch markierte den Beginn eines neuen Wissenschaftszweigs, der Astrophysik, und einer neuen Astronomie, gar – wie ihre Anhänger behaupteten – einer Neuen Astronomie.

Sowohl Fotografie als auch Spektroskopie hatten sich getrennt voneinander als leistungsfähige neue astronomische Methoden erwiesen, mit deren Hilfe Informationen gewonnen werden konnten, die das Teleskop alleine nicht liefern konnte. Gemeinsam jedoch begründeten sie eine neue wissenschaftliche Disziplin, größer als die Summe ihrer beiden Teile. Leitet man das schwache Licht eines Sterns oder das noch schwächere Licht eines Nebels zunächst durch ein Teleskop und dann durch ein Spektroskop, so kann es oft vorkommen, daß man nicht alle Linien erkennt. Zeichnet man das Spektrum jedoch über eine längere Zeit auf einer fotografischen Platte auf, kann man damit auch sehr schwache Spektrallinien sichtbar machen. 1872 verwendete Henry Draper einen 28-Zoll-Reflektor, um zum erstenmal das Licht eines einzelnen Sterns, der Wega, zu untersuchen. Von diesem Tag an war nun für jeden Astronom praktisch jeder Punkt des Weltalls zugänglich, und er konnte sich darüber informieren, was dort tatsächlich *war*, und nicht nur, was es wohl sein *könnte*.

Und das war nun überhaupt nichts Überirdisches. Die kontinuierlichen Spektren einiger Himmelskörper – der Sonne, anderer Sterne und einiger Nebel – waren identisch mit denen bekannter irdischer Substanzen. »Das charakteristische Spektrum irdischen Wasserstoffs war identisch mit dem von Sternenlicht«, schrieb Huggins. »Ähnlich verhielt es sich mit den Spektren von Eisen. Auch Natrium, das auf der Erde überall vorkommt, ist offenbar im Kosmos weit verbreitet.«

Galilei war mit dem Fernrohr in den Himmel vorgedrungen und hatte herausgefunden, daß die Erde und die Himmelskörper von ähnlicher Gestalt waren. Newton hatte die Theorie aufgestellt, daß irdische und himmlische Objekte den gleichen physikalischen Gesetzen unterliegen. Und nun hatte Huggins gezeigt, daß auch ihre *Substanz* identisch ist.

»Von diesem Moment an begannen Observatorien wie Laboratorien auszusehen«, schrieb Huggins.

Primitive Batterien, die stark schädliche Gase ausströmten, wurden vor dem Fenster im Freien aufgestellt; eine große Induktionsspule war mit einer Reihe Leidener Flaschen auf einem fahrbaren Gestell montiert, damit sie die Bewegungen des Okulars verfolgen konnte; Regale mit Bunsenbrennern, Vakuumröhren und Chemikalienflaschen, insbesondere Proben reiner Metalle, standen entlang der Wände.

Das Observatorium wurde zu einem Ort, wo die irdische Chemie und die Chemie des Weltalls in direkten Kontakt traten.

Die Neue Astronomie stellte einen Bruch mit der Vergangenheit dar, wie es der Rückgriff der Bezeichnung auf Keplers bahnbrechende Arbeit von 1609 bereits andeutet. Die Neue Astronomie des 17. Jahrhunderts hatte sich von der Tradition gelöst, indem sie sich nicht mehr auf mathematische Versuche »zur Rettung der Erscheinungen« einließ, sondern sich auf die »Erscheinungen« selbst konzentrierte: Wie nämlich die Himmelskörper tatsächlich aussehen und wie sie sich bewegen. Die Neue Astronomie des 19. Jahrhunderts ging noch weiter. Der sehr einflußreiche Bestseller *The New Astronomy* setzte 1888 die neuen Maßstäbe: Es galt zu sehen, »was Sonne, Mond und Sterne für sich genommen und im Verhältnis zu uns selbst sind«. Zuerst hatte das Teleskop den Himmel faszinierend nahe gebracht – so daß es aussah, man könne seine Bestandteile mit Händen greifen. Jetzt konnte man dies wirklich.

In gewisser Hinsicht handelte es sich bei George Ellery Hales lebenslanger Suche nach »mehr Licht« um ein praktisches Problem. »Mehr Licht« war es, was die Neue Astronomie forderte – und erhielt, durch Fotografie und Spektroskopie, alleine oder miteinander kombiniert. Teleskope mit größerer Öffnung reichten nicht nur weiter in den Bereich der Nebel, sondern sie entzerrten die dicht gepackten Spektrallinien auch stärker und machten sie damit lesbarer. »Es ist nicht völlig absurd, ein Teleskop nur als eine riesige Linse zu betrachten, um eine himmlische Lichtquelle möglichst gut in ein Spektroskop zu leiten«, schrieb Hale in der Planungsphase seines ersten Teleskops für die Universität Chicago. »In diesem Sinn könnte man das ganze Institut als physikalisches Laboratorium ansehen.« Er überwachte den Bau eines 40-Zoll-Refraktors, dem damals (und heute immer noch) weltweit größten derartigen Instrument, sowie einer rasch wachsenden, sich über mehrere Hektar erstreckenden Institution, die damals auf der Welt ihresgleichen suchte. Als 1897 das Yerkes-Observatorium in Williams Bay, Wisconsin, eröffnet wurde, war es geradezu ein Symbol für die Neue Astronomie – dort fanden sich optische, chemische und spektroskopische Labors, Dunkelkammern und Räume zur Herstellung und Entwicklung von Filmen und Vergrößerungen –, und Hale hörte später von niemand Geringerem als Sir William Huggins: »Es muß Sie unermeßlich befriedigen, einem so großartigen Institut vorzustehen, wo Astronomie und Laboruntersuchungen [so gut] kombiniert werden können! Es erscheint mir fast wie ein Wunder, daß es innerhalb eines Menschenlebens heute in beiden Hemisphären so prächtige Früchte getragen hat, daß ich damals zum ersten Mal ein Spektroskop in ein Observatorium mitgenommen habe.«

Hales beständiges Verlangen nach »mehr Licht« war jedoch nicht weniger auch eine philosophische Angelegenheit – gar eine Mission. Im Alter von nur 21 Jahren entwickelte er 1889 den »Spektroheliographen«, eine Vorrichtung zum Fotografieren der Sonne. In den frühen 1890er Jahren gründete er die Zeitschrift *Astronomy and Astrophysics* mit, den Vorläufer des *Astrophysical Journal: An International Review of Spectroscopy and Astronomical Physics*. Damals erhielt er auch einen Brief des Herausgebers der einflußreichen britischen Wissenschaftszeitschrift *Nature*: »Zeitschriften wie Ihre werden die Sache der Neuen Astronomie voranbringen.« 1899 war er an der Gründung der amerikanischen »Gesellschaft für Astronomie und Astrophysik« beteiligt, wobei der Zusatz »Astrophysik« auf sein Betreiben hin aufgenommen wurde. Fünfzehn Jahre später willigte er nur deshalb darin ein, daß diese Bezeichnung aus dem Namen der Gesellschaft wieder entfernt wurde, weil er überzeugt war, daß der Status der Neuen Astronomie inzwischen ausreichend gefestigt war. Ähnlich wie in der Auseinandersetzung zwischen Johannes Hevelius und John Flamsteed über die Verwendung von Koordinaten-Meßapparaten mußten sich die Astronomen auch diesmal zunächst davon überzeugen, ob die neu verfügbare Information überhaupt zuverlässig war. Viele waren skeptisch – wie Hevelius oft aus guten

Gründen. Die Technologie war noch nicht ausgereift, die Ergebnisse oft unzuverlässig. Ebenso wie man eine Astronomengeneration vorher angeben mußte, ob eine Beobachtung mit bloßem Auge oder mit einem Teleskop gemacht worden war, mußten die Neuen Astronomen kenntlich machen, ob eine Beobachtung »visuell« oder »fotografisch« war. Ein internationaler Wissenschaftlerkongreß in Paris empfahl zwischen 1881 und 1887 immer wieder, die Fotografie in der Astronomie weiter einzusetzen. Und 1914 schließlich konnte der amerikanische Astronom Percival Lowell die Astrophysik als die Wissenschaft charakterisieren, die »in den letzten Jahren durch die Wirkung, die Bilder [nun einmal] auf die Menschen haben, das Rampenlicht besetzt hat, zum Nachteil anderer, tiefergehender Bereiche der Astronomie selbst«.

Es war die Form, die diese neue Information annahm – »die Wirkung, die Bilder [nun einmal] auf die Menschen haben« –, die sie von allen früheren Forschungen unterschied. Zum erstenmal hingen astronomische Beweise nicht nur von der Beobachtungsgabe des Betrachters ab, sondern von einem weiteren Faktor: den Ausgabedaten eines Instruments. Die Astrophysik schuf wissenschaftliche Tatsachen *[evidence]*, die theoretisch für alle gleich, »objektiv«, waren, denn sie existierten auch losgelöst von dem individuellen Betrachter, der die Aufnahme durchgeführt hatte – und konnten diesen sogar überleben. Ein Astronom am Observatorium von Princeton lobte die Neue Astronomie speziell hierfür: »ein Dokument, das dauerhaft, authentisch und frei ist von persönlichen Einflüssen der Phantasie und Hypothesen [des Aufnehmenden], die die Autorität so vieler Beobachtungen mit bloßem Auge so ernsthaft in Frage stellen«.

In gewisser Weise konnte diese Loslösung des Betrachters von dem Problem – der Erreichbarkeit von Objektivität – als Erfüllung der philosophischen Verheißung des vorangegangenen Jahrhunderts angesehen werden: Das Universum von Isaac Newton in der Interpretation von Laplace, eines, bei dem die Antworten

»dort draußen« darauf warteten, entdeckt zu werden, was nur eine Frage der Zeit war. Tatsächlich gab es gegen Ende des 19. Jahrhunderts zwei starke Hinweise darauf, daß es den Astrophysikern möglich sein würde anzugeben, wo genau sich die Nebel befanden – insbesondere, ob sie Teil unserer Milchstraße oder isolierte, davon getrennte »Welteninseln« waren. Hierzu mußte zunächst einmal etwas über die Natur dieser Nebel herausgefunden werden.

Zum einen erschien 1885 im Andromeda-Nebel eine Nova, ein neuer Stern, mit einer Helligkeit von einem Zehntel des gesamten Nebels. Wenn Andromeda tatsächlich eine isolierte Welteninsel von der gleichen Größe wie die Milchstraße wäre, dann hätte die Nova nach Schätzung eines der führenden Astronomen dieser Zeit »fast 50 *Millionen mal* so hell wie unsere eigene Sonne« sein müssen – eine Vorstellung, »die jede Wahrscheinlichkeit übersteigt«.

Zum zweiten hatte bereits William Herschel ein Jahrhundert zuvor beobachtet – und jüngere Forschungen hatten dies bestätigt –, daß sich die Nebel in einer von der Milchstraße entfernten Region zu ballen schienen, die die Nebelforscher nun als »Vermeidungszone« *(zone of avoidance)* zu bezeichnen begannen. Wenn nun Nebel tatsächlich eigene Galaxien wären, könnten sie sich nicht selbst derart anordnen, als ob sie – von der Erde aus betrachtet – ein bestimmtes Segment des Himmels in unserer Galaxie »vermeiden« würden. Wenn sie sich jedoch *in* der Milchstraße befinden würden, dann erschiene es durchaus sinnvoll, daß sie entfernt vom Zentrum an den Rändern angeordnet wären – und damit aus unserer Perspektive an den äußersten Enden des Universums und am weitesten in der Vergangenheit, im Bereich eines früheren Stadiums der Sternenentwicklung.

1858 hatte der englische Philosoph Herbert Spencer über die Existenz von Nebeln jenseits unserer Galaxie geschrieben: »So etwas ist geradezu unmöglich.« 1899 änderte er seine Meinung:

»So etwas ist unmöglich.« Der führende amerikanische Astronom dieser Zeit, Simon Newcomb, schrieb 1902, daß »die große Masse der Sterne sich in einem begrenzten Raum befindet«. Und Alfred Russel Wallace bekräftigte 1903, daß dieses »große und weitreichende Prinzip der essentiellen Einheit des Sternenuniversums ... mittlerweile von fast allen berühmten astronomischen Autoren der zivilisierten Welt geteilt (wird)«.

»Die Frage, ob Nebel externe Galaxien sind, verdient kaum mehr eine weitere Diskussion«, schrieb die Historikerin Agnes Clerke 1905. »Sie wurde durch den Fortgang der Wissenschaften beantwortet. Kein kompetenter Denker kann, in Anbetracht der Masse verfügbarer Beweise, behaupten, ein einziger Nebel könne ein Sternensystem vom Range der Milchstraße sein – so viel ist sicher.«

Nachdem nun (anscheinend) festgestellt war, was und wo die Nebel waren, glaubten die meisten Astronomen, daß die einzigen verbleibenden Herausforderungen für ihren Forschungszweig noch darin bestünden, einige Pflichtaufgaben abzuarbeiten, wie zum Beispiel den Hunderttausenden neuen Nebeln, die auf den Aufnahmen der stärksten Teleskope wie Pilze aus dem Boden schossen, eine Position zuzuweisen, und vielleicht eines Tages, wenn die Technologie dazu vorhanden wäre, sogar ihre Entfernungen festzustellen. Im Vorlesungsverzeichnis der Universität Chicago für das Jahr 1898/99 war zu lesen: »Man sollte zwar nie behaupten, die Zukunft der Physik habe keine großartigen Überraschungen mehr parat, die die der Vergangenheit noch übertreffen könnten, aber es scheint doch wahrscheinlich, daß die großen grundlegenden Prinzipien nunmehr fest etabliert sind und daß weitere Fortschritte vor allem in der rigorosen Anwendung dieser Prinzipien auf alle Phänomene zu suchen sind, die uns bekannt werden. Ein berühmter Physiker bemerkte kürzlich, die zukünftigen Wahrheiten der physikalischen Wissenschaften werde man wohl an der sechsten Stelle hinter dem Komma suchen müssen.«

Zur gleichen Zeit und an der gleichen Institution eröffnete Hale gerade das Yerkes-Observatorium – und was war Hales ständiges Streben nach dem Größeren, Besseren, Weiteren, Tieferen anderes als Glaube an den Fortschritt? Er hatte auch eine Bezeichnung für diesen Zustand: »*Americanitis*«. Die Maschinerie eines modernen Observatoriums konnte mit der Himmelsmechanik eines Schöpfers, der ein uhrengleiches Universum erschaffen hatte, Zahnrad für Zahnrad und Gang für Gang durchaus mithalten. Aus William Herschels Truppe von Arbeitern mit ihren numerierten Trikots war das Personal der Fabrikhallen und Fließbänder im Zeitalter der Industrialisierung geworden, und wenn Hale seine Observatorien mit anderen Wunderwerken der modernen Bau- und Ingenieurskunst vergleichen wollte, erwähnte er Kriegsschiffe und Brücken. Größere Observatorien benötigten nun Kuppeln, um ihre Instrumente vor den Elementen zu schützen, stabile, fest im Grundgestein verankerte Fundamente und davon unabhängige, frei bewegliche Plattformen zur Aufstellung der Instrumente. Der 40-Zoll-Refraktor des Yerkes-Observatoriums ragte 19,30 m in die Höhe und wog 5,4 Tonnen; die Kuppel überspannte einen Durchmesser von 27,50 m und wog 109 Tonnen. Die 34 Tonnen schwere bewegliche Plattform konnte unabhängig vom Teleskop bewegt werden, um den Betrachter an das Okular heranzuheben. Zugleich erforderte das gesamte Unternehmen auch größte Sensibilität, Fingerspitzengefühl und ausgeklügelte Feinmechanik, um einem sich bewegenden Himmelsobjekt über Stunden nachzufolgen, ohne eine Aufnahme zu verwackeln.

Eine solche Technologie war nicht ganz billig, doch auch hier zeigte sich Hale ganz als Kind seiner Zeit. Sein Vater hatte nach dem Großbrand von 1871 in Chicago mit dem Verkauf von Aufzügen für die neuen Wolkenkratzer ein Vermögen gemacht, und Hale zögerte keine Sekunde, die Industriebarone um riesige Summen anzugehen, obwohl er ihnen oft kaum mehr versprechen konnte als die ehrenvolle Mitgliedschaft in einer Vereinigung. Damit folgte er dem Vorbild des Lick-Observatoriums, das mit der Spende eines exzentrischen kalifornischen Millionärs entstanden war, der nichts weiter wollte, als seinen Namen auf einem Teleskop zu sehen, das »besser und stärker ist als jedes andere«. Nach Licks Tod wurden seine sterblichen Überreste im Fundament des Teleskops eingemauert. Für das Observatorium der Universität von Chicago wandte sich Hale an einen Massentransport-Mogul und vorbestraften Wirtschaftsbetrüger: »*Yerkes verschafft sich gewaltsam Zugang zur besseren Gesellschaft*«, lautete nach der Widmung des Observatoriums die Schlagzeile einer Chicagoer Zeitung, und »*Straßenbahnboß verwendet Teleskop als Schlüssel zum Tempeltor, und er paßt perfekt*«. Hale benannte den 60-Zoll-Reflektor nach dem Eisenwaren- und Stahlröhrenmagnaten Hooker aus Los Angeles, und Andrew Carnegie schrieb irgendwann an Hale betreffs seines eigenen Beitrags zum 100-Zoll-Reflektor: »Ich hoffe, die Arbeiten am Mount Wilson gehen mit aller Kraft voran, weil ich die versprochenen Ergebnisse kaum erwarten kann. Ich dürfte sehr zufrieden sein, wenn ich noch vor meinem Tod diesem alten Land einen Teil dessen zurückzahlen kann, was ich ihm schulde, indem wir klarer denn je die neuen Himmelssphären enthüllen werden.«

»Hätte Carnegie bloß seine Millionen für sich behalten«, meinte dagegen Hales Frau, als die Sorgen um den 100-Fuß-Spiegel ihre Ferien unterbrachen, ihren Mann in ängstliche Erregungszustände versetzten und sich zum erstenmal die Elfe zeigte. »Ich wünschte mir, dieser Spiegel läge tief auf dem Meeresgrund.« Ihr Mann konnte sie verstehen, war jedoch nicht zur Reue bereit. Es war schon ein Unterschied, ob man sich vorstellen konnte, das Ende des Universums sei in Sichtweite, oder ob man selbst der einzige Mensch war, der dafür sorgen konnte, daß überhaupt jemals irgendwer eine Chance haben würde, dieses Ende zu erblicken. Einmal, als seine Frau in bat, um der Kinder willen am

Sonntag mit zur Kirche zu gehen, antwortete Hale: »Mein Glaube ist die Wahrheit, wo immer sie mich hinführt, und ich denke, kein Glaube ist edler als dieser.«

Es war auch dieser Glaube, der ihn von den meisten seiner Zeitgenossen unterschied. Für Hale bedeutete »mehr Licht« auch »mehr Antworten«, nicht jedoch unbedingt Antworten von der Sorte der »an der sechsten Stelle hinter dem Komma«. Es war zwar richtig, daß Hale vollständig den Optimismus und den Fortschrittsglauben verkörperte, die er als Neuer Astronom an der Schwelle zum 20. Jahrhundert geerbt hatte, doch es war ebenfalls richtig, daß er nicht einfach den Rand des Universums erreichen und es dabei bewenden lassen wollte. Er hatte kein Ende je erspäht, weder das des Universums noch das des Fortschritts; warum sollte er dann glauben, er habe es erreicht? Bevor die Astrophysiker sich darüber einig waren, wie sie mit ihrer neuen Technologie vorgehen sollten, wollte Hale sehen, was die neue Technologie mit den Astronomen vorhatte, wohin *diese jene* führte.

Und doch konnte noch nicht einmal er als Anhänger der Gedanken der Neuen Astronomie und der Ideen des Industriezeitalters auch nur annähernd die Wahrheiten erahnen, die das moderne Observatorium noch bereithielt und wie die dort arbeitenden Astronomen diese interpretieren würden. 1917 wies Heber D. Curtis vom Lick-Observatorium die beiden bis dahin als entscheidend angesehenen Argumente gegen die Existenz von »Welteninseln« zurück. Erstens hatte er bei der Untersuchung von Spiralnebel-Aufnahmen festgestellt, daß viele von ihnen »unterhalb des Zentrums einen dunklen Streifen« aufwiesen, ein dünnes Band lichtschluckender Materie, eine Art kosmischen Staub. Wenn die Milchstraße ebenfalls ein Spiralnebel wäre, könnte dann nicht auch die »Vermeidungszone« durch einen ähnlichen Effekt hervorgerufen werden anstatt durch ein tatsächliches Fehlen von Nebeln? Zweitens entdeckte Curtis zwar ebenfalls Novae auf diesen Aufnahmen, doch keine, die auch nur annähernd die Größe der Andromeda-Nova von 1885 erreicht hätte. Vielleicht *war* dies ja ein außerordentliches Ereignis gewesen – was bedeuten würde, daß sich Ausbrüche von der fünfzigmillionenfachen Größe unserer Sonne *tatsächlich* ereignen konnten. Das gängige Argument gegen die Existenz extragalaktischer Nebel klang allmählich wie das der Gegner von Kopernikus angesichts des Fehlens einer meßbaren Parallaxe der Sternenposition – daß damit die Entfernung zu den Sternen unvorstellbar groß und damit überhaupt unmöglich groß werden würde –, mit im wesentlichen dem gleichen Ergebnis. Es *war* zwar unvorstellbar; doch war es deshalb auch wirklich *unmöglich?*

Zur gleichen Zeit verstärkten sich zudem Hinweise, die nicht einfach nur gegen die »Eine-Galaxie«-Hypothese sprachen, sondern die Hypothese von »Welteninseln« aktiv unterstützten. Schon 1868 hatte William Huggins spekuliert, daß die von einem Himmelsobjekt im Spektroskop produzierten Linien Ähnlichkeiten zu einem Phänomen aufwiesen, das Christian Doppler bei Schallwellen beobachtet hatte: Wenn sich das schallerzeugende Objekt von dem Beobachter weg- oder auf ihn zubewegt, wird dadurch die Frequenz des ausgesandten Schalls verändert. Huggins schlug nun vor, daß die Spektrallinien eines Nebels, der sich auf den Beobachter zubewegt, in Richtung der Farbe Blau verschoben sein müßten und bei einer Bewegung vom Betrachter weg in Richtung Rot – und zwar um so stärker, je größer die Geschwindigkeit ist. Zu Beginn des 20. Jahrhunderts entdeckte Vesto Slipher am Lowell-Observatorium in Arizona mehrere solcher Verschiebungen. Die Stärke der Verschiebungen deutete darauf hin, daß Teile des Universums sich mit einer Geschwindigkeit bewegten, die niemand selbst für einfache Objekte für möglich gehalten hätte, geschweige denn für massive Haufen von Millionen von Sternen. 1913 errechnete Slipher, daß der Andromeda-Nebel mit 300 km pro *Sekunde* durchs All rast.

1920 hatte Hale die Aufgabe übernommen, eine »Debatte« an der *National Academy of Sciences* über die Frage zu organisieren, wo sich die Nebel befanden. Die meisten der Anwesenden stimmten darin überein, daß der Vertreter des Lick-Observatoriums, Heber Curtis, der für ein Universum mit mehr als einer Galaxie argumentierte, aus rhetorischen Gründen die Debatte »gewann«, doch, wie Hale später schrieb, »es ist ein weiter Weg von den eleganten Vorstellungen eines Philosophen zu den strengen Beweisen der exakten Wissenschaft, und die wahre Struktur des Universums ist einfach noch nicht bekannt«. Rhetorik allein konnte also die Frage nicht klären, die zur wichtigsten astronomischen Fragestellung des noch jungen Jahrhunderts wurde; dies konnten nur Beweise.

Diese fand drei Jahre später Edwin Hubble, ein Kollege Hales vom Mount Wilson-Observatorium. Er war dort von 1919 an beschäftigt und suchte seitdem mit dem 100-Zoll-Teleskop die Nebel nach einer Klasse von Sternen ab, die Cepheiden genannt werden, Sterne mit regelmäßig variierender Lichtstärke. Jüngere Erkenntnisse legten nahe, daß die Periode der Lichtschwankungen mit der absoluten Helligkeit des Objekts korrespondierte. Durch einen Vergleich der absoluten mit der apparenten Helligkeit konnte ein Astronom nun mittels einer einfachen Formel die Entfernung des Objekts bestimmen. Hubbles Idee war, durch die Identifizierung eines Cepheidensterns auf der Aufnahme eines Nebels die Entfernung des Nebels insgesamt bestimmen zu können. Am 6. Oktober 1923 wurde er im Andromeda-Nebel fündig. Ein weiteres Jahr verbrachte er damit, seine Entdeckung zu bestätigen, und veröffentlichte schließlich seine Schätzung, der Andromeda-Nebel liege eine Million Lichtjahre von der Erde entfernt – weit jenseits der äußersten Zonen der Milchstraße.

Damit war das Universum auf einen Schlag viel größer als die Milchstraße allein. Einige der im Verlauf des 18. Jahrhunderts entdeckten Nebel erwiesen sich tatsächlich als Nebel, einige waren Sternhaufen, andere waren von einer undefinierbaren Hülle umgebene Einzelsterne – und all diese lagen vermutlich innerhalb unserer Galaxie, der Milchstraße. Alle *übrigen* Nebel dagegen lagen jenseits davon – zum Beispiel jene Hunderttausende Spiralnebel auf den Aufnahmen des Lick-Observatoriums, und höchstwahrscheinlich bestand jeder einzelne von ihnen aus Hunderten von Millionen Einzelsternen.

Noch zu Beginn des letzten Jahrhunderts, um 1900, glaubten die meisten Astronomen nicht nur, unser Universum bestehe aus genau einer Galaxie, sondern auch, daß unsere Sonne in dieser Galaxie eine zentrale Position einnahm, wenn auch deutlich weniger markant als die zu der Zeit, als die Region der Sterne in der Vorstellung der Wissenschaft noch einer Sphäre oder einem Gewölbe glich. Jetzt hatten die Astronomen herausgefunden, daß unser Lokalgestirn nicht nur viel eher am Rande der Galaxis als bei deren Zentrum lag, sondern auch diese Galaxis selbst nur eine einzige einer unbekannten, doch zweifellos unermeßlich großen Zahl solch kompakter Sternensysteme war.

Und schon arbeitete Hale, zugleich die Vergangenheit wie seinen zukünftigen Ruhm bei der Nachwelt fest im Blick, an einem Spiegelteleskop, das noch weiter ins Universum reichen, noch tiefer in die Vergangenheit blicken sollte. 1928 schrieb er im *Harper's Magazine* in einem Unterstützungsaufruf zur Finanzierung des neuen Projekts: »Persönlichkeiten wie Lick, Yerkes, Hooker und Carnegie sind von uns gegangen, doch nach wie vor besteht für einen Geldgeber die Gelegenheit, unsere Kenntnisse zu erweitern und seinen eigenen Wissensdurst zu stillen, was die Natur des Universums und die Geheimnisse seiner unerforschten Tiefen anbelangt.« Kurz danach erhielt er Geld von der Rockefeller-Stiftung. »Ein einziger Artikel über große Teleskope, den ich aufs Geratewohl geschrieben habe, ein Pfeil, geradewegs ins Blaue abgeschossen, scheint voll ins Schwarze getroffen und mir das Geld für einen 200-Zoll-Reflektor eingebracht zu haben«, schrieb Hale kurz darauf an einen Kollegen.

Mittlerweile war Hale aus gesundheitlichen Gründen bereits als Direktor des Mount Wilson-Observatoriums zurückgetreten. Manchmal vertiefte er sich für mehrere Wochen am Stück in seine privaten Sonnenstudien, dann nahm er wieder die beschwerliche Reise zu einem Sanatorium nach Massachusetts auf sich. Während eines dieser Aufenthalte schrieb er an seine Frau, daß sie wohl recht gehabt habe, gegen seine »Hochspannung und sein großes Interesse« an so verschiedenartigen Projekten gewesen zu sein, und daß er hoffe, dies wiedergutmachen zu können. »Ich muß darüber hinwegkommen«, fuhr er fort, »doch es steckt nun einmal in mir drin, und ich habe so lange so gelebt, daß ich wohl hart daran arbeiten muß, bevor mir das gelingt«.

Doch nur kurze Zeit später hatte er bereits wieder eingewilligt, den Entwurf, die Organisation und den Bau seines mit Sicherheit letzten Projekts zu überwachen, eines 200-Zoll-Spiegelteleskops auf dem Mount Palomar in Kalifornien. »Das letzte, was ich hätte tun wollen, war, noch ein neues Observatorium aufzubauen«, schrieb er einem Kollegen nach seiner Rückkehr aus dem Sanatorium. Doch wie hätte er widerstehen können? Was sonst hätte ein Mann wie George Ellery Hale denn tun sollen – etwa das Universum sich ohne ihn weiter ausdehnen lassen?

KAPITEL 6

MEHR DUNKELHEIT

S chschschsch.

Karl Jansky war dieses Geräusch wie Luft, die aus einem Reifen zischt, nicht unbekannt. Diesmal handelte es sich jedoch um ein Rauschen, das die neu eröffnete Fernsprechverbindung über den Atlantik störte, und der 26jährige Ingenieur war von seinem Arbeitgeber, den Bell Telephone Laboratories in Holmdel, New Jersey, beauftragt worden, die Ursache herauszufinden. Hierzu baute er eine Reihe von Antennen mit einer Höhe von knapp vier Metern und einer Empfangsfläche von zusammengenommen 117 m². Die Konstruktion baute er auf ein Fahrgestell eines Ford Modell T, nannte es sein »Karussell« und setzte es in Bewegung. Während sich die Antennen in alle Himmelsrichtungen drehten, versuchte er, mögliche Herkunftsorte des Hintergrundrauschens zu ermitteln. Er identifizierte das ihm bekannte Knistern von Stürmen in der Nähe und das ebenso vertraute ewige Knacken der Erdatmosphäre, die sich in der Ferne zu Stürmen zusammenbraute, doch dieses andere, ständig vorhandene Rauschen blieb ihm ein Rätsel. Er vermutete, es könne von örtlichen elektrischen Anlagen stammen, doch weitere Untersuchungen zeigten, daß sich der Herkunftsort des Geräuschs Tag um Tag langsam, aber stetig entlang des Horizonts zu bewegen schien. Daher vermutete er zunächst, es könne von der Sonne stammen, doch während einer partiellen Sonnenfinsternis am 31. August 1932 blieb es konstant. Es konnte sich also nicht um ein gewöhnliches Rauschen handeln. Dieses Rauschen schien keine Ursache zu haben, und nichts schien es abstellen zu können. Es war überall und ständig präsent. Es war das Zischen einer Schlange im Garten, das Flüstern im Ohr der Pandora, der Windhauch des Universums.

Für Jansky war es, etwas prosaischer, eine »stete, schwache atmosphärische Störung unbekannter Ursache in Form eines Rauschens«. Der Schlüssel zu dem Geheimnis schien in seiner Bewegung zu liegen. Wenn es nicht von der Sonne stammte, warum schien sich die Position der Quelle des Rauschens dann von Tag zu Tag leicht zu verschieben, als folgte es dem Sonnenkalender? Jansky maß noch genauer und fand heraus, daß der Zyklus des Rauschens nicht genau 24 Stunden betrug, sondern vier Minuten weniger, also 23 Stunden und 56 Minuten – genau die Länge eines Sterntags, und nicht die eines Sonnentags, also die Zeit, die das Himmelsgewölbe scheinbar braucht, um sich einmal um die Erde zu drehen.

Das mußte die Lösung sein. Das überall und ständig präsente Rauschen mußte von den Sternen kommen. Bald hatte Jansky ermittelt, daß die Störung im Sternbild des Schützen am stärksten war, also der Richtung des Zentrums der Milchstraße. Er wollte noch weiter forschen, doch sein Projekt war mit dieser Erkenntnis abgeschlossen, und sein Institut gab ihm eine andere Aufgabe. Jansky veröffentlichte seine Erkenntnisse in den Zeitschriften *Popular Astronomy* und *Proceedings of the Institute of Radio Engineers*, und seine Entdeckung einer Radioquelle im Kosmos kam sogar auf die Titelseite der *New York Times*. 1934 nahm er die Arbeit an diesem Projekt wieder auf.

In den folgenden zehn Jahren gab es genau einen einzigen Leser, der Janskys Entdeckung herausfordernd genug fand, um sich weiter damit zu beschäftigen, ebenfalls ein 26jähriger Radioingenieur, aus der Gegend von Chicago. Eines Tages im Juni 1937 baute sich Grote Reber im Hof hinter seinem Haus in Wheaton, Illinois, eine kippbare Parabolantenne. Wie die astronomische Forschung über mehrere Jahrhunderte mit Linsen und Spiegeln gezeigt hatte, war diese Form der Oberfläche am besten geeignet, um Signale aufzufangen und zu bündeln. Die Montierung bestand aus Holz, die Schüssel selbst aus galvanisiertem Eisen, hatte 9,30 m Durchmesser und war größer als ein Haus. Nach der Fertigstellung seiner Konstruktion im September stellte er rasch fest, daß seine Beobachtungen durch die Zündanlagen vorbeifahrender Autos gestört wurden, und so mußte er sich auf die Nachtstunden zwischen Mitternacht und 6 Uhr morgens beschränken. Sechs Jahre später hatte er die erste Radiokarte der Milchstraße fertiggestellt.

Während dieser Zeit war er ein oft gesehener Gast am Yerkes-Observatorium geworden, dank George Ellery Hale einer der wenigen Orte, wo er auf Interesse für seine Arbeit hoffen durfte. Schließlich gelang es Reber 1940, den Herausgeber des *Astrophysical Journal* (das mittlerweile auf jeder Titelseite den Zusatz »Gegründet 1895 von George E. Hale und James E. Keeler« trug) zu überzeugen, einen Artikel von ihm mit dem Titel »Cosmic Static« (»Rauschen aus dem All«) zu veröffentlichen. Es folgte ein weiterer Artikel mit dem Titel »Cosmic Static«, ein dritter (Titel: »Cosmic Static«), und schließlich ein vierter, ebenfalls mit dem Titel »Cosmic Static«. Seine Hartnäckigkeit zahlte sich aus. Durch den Zweiten Weltkrieg wurde die Entwicklung der Radiotechnologie forciert. Auch Störgeräusche wurden zum Gegenstand kriegswichtiger Untersuchungen, als die Alliierten vermuteten, die Deutschen versuchten, die Radiokommunikation zu stören. Diese Störgeräusche erwiesen sich schließlich als Auswirkungen des Sonnenwindes. Ende der 1940er Jahre wandten sich die Ingenieure, die sich während des Krieges mit Funk beschäftigt hatten, wieder Rebers Veröffentlichungen zu und versuchten, diese neue, noch verwirrende Technologie zu verbessern und ihre Möglichkeiten auszuloten.

Übrigens *hörten* sich die meisten Ingenieure (anders als Jansky) die Radiowellen nicht an, sondern betrachteten lieber Transkriptionen der Geräusche auf Papier. Immer noch war auch diese systematische Suche, die die Ingenieure der Nachkriegszeit aufnahmen, ebenso eine Reise ins Ungewisse wie jede andere in der Geschichte der Astronomie. In Großbritannien überzeugte der Ingenieur und Kriegsveteran Bernard Lovell die Regierung, trotz vom Krieg geleerter Kassen das Radioteleskop von Jodrell Bank zu finanzieren, ohne zu wissen, was sie von dieser Investition in die Anlage mit 75 m Durchmesser erwarten konnte. Bei einer der ersten Beobachtungen in Jodrell Bank richteten im August 1950 zwei Astronomen die Antenne auf die Spiralgalaxie M 31 im Andromeda-Nebel. »Wir konnten es kaum glauben, als sich abzeichnete, daß tatsächlich Radiosignale aus diesem Nebel kamen«, erinnerte sich Lovell später. »In einer zwei Millionen Lichtjahre entfernten Galaxie wurden Radiowellen entdeckt, und man konnte unsere eigene Galaxie nun in keiner Weise mehr als einzigartige Radioquelle betrachten.«

Tatsächlich hatten Jansky, Reber und die anderen Pioniere eine neue Form des Teleskops entdeckt, das Radioteleskop. Damit war selbst George Ellery Hales letztes und bestes Projekt, das 200-Zoll-Teleskop auf dem Mount Palomar (das mit seiner Einweihung am 3. Juni 1948 zum Hale-Teleskop ernannt wurde) noch steigerungsfähig – dieses Wunderwerk ganz neuer Art, dem die Ehre des größten Teleskops der Welt zuteil wurde, eines, das in der Lage war, Sterne fotografisch festzuhalten, die nur ein Zehnmillionstel der mit bloßem Auge sichtbaren Lichtstärke aufwiesen, und das ein würdiger Nachfolger all der mächtigen Spiegelteleskope von Hale und Herschel war. Selbst jetzt konnte immer noch eine vollkommen unvorhergesehene Innovation der Teleskoptechnologie eine neue Art von Astronomie hervorbringen, eine wahre Neue Astronomie, und Geburtshelfer sein für ein wiederum vollkommen neues Verständnis des Universums.

Und wieder mußten die Astronomen völlig neu sehen lernen. Seit Galilei hatten sie sich immer wieder auf großartige neue

Instrumente verlassen, um Neues zu entdecken. Dennoch waren sie sich immer bewußt, daß alles, was sie sahen, immer nur ein winziger Teil des gesamten dort draußen vorhandenen Lichts sein konnte. Dieser Anteil betrug bis zur Einführung der Fotografie nur etwa 1 %, und selbst die empfindlichsten Fotoplatten steigerten diese Zahl allenfalls auf 10 %. Doch nun entdeckten die Astronomen, daß *das*, von dem sie bisher gerade einmal 1 % beobachtet hatten, selbst nur ein Bruchteil aller verfügbaren Wellenlängeninformation war: Deckt doch das sichtbare Licht gerade einmal 2 % des elektromagnetischen Spektrums ab. Über drei Jahrhunderte lang hatte man also 1 % von 2 %, also nur ca. 0,02 % aller dort draußen vorhandenen Daten untersucht, und das Ganze bereits als Universum bezeichnet – so als würde man ein Buch ausschließlich nach seinem Umschlag beurteilen.

Astronomen mußten erst wieder lernen, überhaupt *zu denken*. Der Wissenschaftszweig, der aus dem Wunsch heraus entstanden war, mehr zu sehen – näher heranzurücken, mehr Licht zu sammeln –, stand nun vor einem völlig unerwarteten neuen Abenteuer, einer Reise in das Unsichtbare, in eine Richtung, die sicherlich die Definition des Sehens und das Konzept »Teleskop« erweitern und den Begriff des »Glaubens« in einer Weise herausfordern würde, von der die Astronomen noch nicht einmal den Hauch einer Ahnung hatten. Dementsprechend verdiente *diese* Neue Astronomie vielleicht noch viel eher diesen Ehrentitel als die Neue Astronomie des 19. Jahrhunderts. Ein Historiker der Radioastronomie schrieb, daß sich die Astronomen in der Mitte des 20. Jahrhunderts fühlten, als ob sie »eine Erfahrung machten, die in ihrer Gesamtheit nur mit Galileis erstem Blick zum Nachthimmel durch ein Fernrohr vergleichbar sei«.

Über Jahrhunderte hatten Astronomen mit Licht gespielt – danach gesucht, es wieder verloren, gespiegelt, gebündelt, gebeugt, aufgespalten, vermessen und untersucht. Seit der Mitte des 19. Jahrhunderts und dem Aufkommen der Fotografie hatten sie damit begonnen, es zu speichern. Jetzt beschäftigten sie sich sogar mit der Definition des Lichts, denn es war der Zeitpunkt gekommen, wo das weitere Vorgehen schwierig wurde, wenn sich nicht alle zunächst einmal über die elementare Informationsquelle einig waren, das Licht selbst: Was war »Licht« eigentlich?

Im Jahrhundert zuvor hatte man gerade unter Astronomen damit begonnen, das Licht einer neuen Kategorie zuzuordnen, der elektromagnetischen Strahlung. Im Jahre 1800 war William Herschel bei der Arbeit mit Filtern zum Schutz seiner Augen während seiner Sonnenbeobachtungen aufgefallen, daß verschiedenfarbige Filter unterschiedliches Wärmeempfinden hervorriefen. Er machte ein Experiment. Wie Newton im Jahr 1666 leitete er weißes Licht durch ein Prisma und fand es in das vertraute Farbenspektrum von violett bis rot aufgespalten. Anders als Newton brachte er nun jedoch ein Thermometer an den verschiedenen Stellen des Spektrums an. Wie er vermutet hatte, ergaben sich unterschiedliche Temperaturen. Sie waren am violetten Ende am niedrigsten und stiegen gegen Rot – und sogar noch darüber hinaus. Im folgenden Jahr verwendete Johann Wilhelm Ritter chemische Reaktionen, um die Existenz von Strahlung am anderen Ende des Spektrums, jenseits des Violett, nachzuweisen. Damit hatte nicht nur Herschel gezeigt, was er beweisen wollte (daß Licht und Wärmestrahlung identisch sind, was eine bedeutende Entdeckung war), sondern er hatte gemeinsam mit Ritter die Infrarot- (IR) und die Ultraviolettstrahlung (UV) entdeckt – oder, wie Herschel schrieb, »Wärmestrahlung, die, wenn ich mir diesen Ausdruck erlauben darf, aus unsichtbarem Licht besteht«.

Wie sich herausstellte, war das *sichtbare* Licht eher eine Ausnahmeerscheinung. Im folgenden Jahr, 1802, entdeckte Thomas Young, daß unterschiedliche Farb-Sinneseindrücke des menschlichen Auges auf unterschiedliche Wellenlängen der Strahlung (den Bereichen des »sichtbaren Lichts«) zurückzuführen sind. Unsere Augen sind für Wellenlängen von ca. 400–760 Nanometern empfindlich, die wir als die Farben von Rot bis Violett sehen. Über 60 Jahre später interpretierte der schottische Physiker James Clerk Maxwell Licht als elektromagnetische Strahlung und sagte voraus, daß künftige Forschung auch Strahlungen mit kleinerer und größerer Wellenlänge als die von sichtbarem Licht entdecken könnte. In den kommenden Jahrzehnten war dies dann tatsächlich der Fall: Tausend- und millionenfach kürzere Wellenlängen – Röntgen- und Gammastrahlung – und millionenfach größere – Radiowellen. Und kaum hatten die Astronomen mehr durch Zufall entdeckt, wie vielversprechend Radiowellen für die Erforschung des Weltalls zu sein schienen, mußten sie sich gleich ebenfalls noch fragen, wozu vielleicht auch die anderen Arten unsichtbarer Strahlung nützlich sein konnten. Ein erstes Problem bestand dabei darin, sie überhaupt zu registrieren. Mit Ausnahme von Radiowellen und sichtbarem Licht wird die große Mehrheit der elektromagnetischen Strahlung aus dem Weltall von der Erdatmosphäre abgeschirmt, wodurch den Astronomen, die sich ihrer Erforschung widmen wollten, kaum eine andere Wahl blieb, als die Atmosphäre zu verlassen und die Strahlung in großer Höhe zu messen. Nach dem Zweiten Weltkrieg waren den Amerikanern 25 Exemplare der neuesten deutschen Militärtechnologie in die Hände gefallen, der V-2-Rakete. Mit deren Hilfe konnten die Wissenschaftler nun unsichtbare Strahlung aus dem All registrieren und auswerten. Anstatt in flachen Flugbahnen Sprengköpfe über den Ärmelkanal zu transportieren, trugen diese Raketen nun Filme, Geigerzähler und andere strahlungsempfindliche Meßgeräte hoch in den Himmel über der Wüste von New Mexico. 1946 entdeckten die Forscher erste Beweise für UV-Strahlung in der Sonne. Zwei Jahre später bestätigten sie, daß unsere Heimatsonne auch Röntgenstrahlen abgibt. Doch erst mit dem eigentlichen Raumfahrtzeitalter – als die Raketen schnell genug geworden waren, die Erdanziehungskraft zu überwinden – konnte mit der Suche nach unsichtbarer Strahlung außerhalb unseres

Sonnensystems begonnen werden. 1962 entdeckte eine mit Geigerzählern ausgerüstete Rakete die ersten Röntgenstrahlquellen außerhalb des Sonnensystems, darunter eine, die *zehn Milliarden* mal so stark war wie die Sonne.

Radio-, IR-, UV-, Röntgen-, Gamma-Strahlung und sichtbares Licht: Was, wenn überhaupt etwas, konnte jede einzelne dieser Strahlungsarten über das Weltall aussagen?

Als sich die Astronomen das elektromagnetische Spektrum ansahen, fiel ihnen ebenso wie William Herschel 1800 der Zusammenhang zwischen Farbe und Energie entlang des Spektrums auf: Größere Wellenlängen sind energieärmer und damit kühler als kürzere. Um Ordnung in das Universum des unsichtbaren Lichts zu bringen, das wurde den Forschern zwischen 1950 und 1975 klar, mußten sie herausfinden, welche Himmelsphänomene mit welchen Temperaturen im Zusammenhang standen.

Für Objekte in der Milchstraße gingen diese Untersuchungen recht zügig voran, wenn auch die Ergebnisse recht unwahrscheinlich anmuteten. Im Bereich der Radiowellen, der Strahlung mit den größten Wellenlängen und der geringsten Energie, entdeckten Astronomen in den 1960er Jahren Objekte, die sie Pulsare nannten – ausgebrannte, kollabierte Sterne, die sich Dutzende oder sogar Hunderte Male pro Sekunde um ihre eigene Achse drehten. Im Bereich des Infrarot, der sich bezüglich Wellenlängen und Energiegehalt an den der Radiowellen anschließt, suchten zwei Wissenschaftler des *California Institute of Technology* nach kälteren und damit älteren Sternen als die, die noch sichtbares Licht ausstrahlen. Ihre skeptischen Kollegen warnten sie, sie würden allenfalls einige Dutzend solcher Sterne finden; sechs Jahre später konnte das Team 5612 von ihnen präsentieren. UV-Licht, am anderen Ende des Spektrums jenseits des Violett, weist auf heißere und damit jüngere – und sogar gerade erst entstandene – Sterne hin. Röntgenstrahlen dagegen entstehen erst bei Temperaturen von einigen Millionen Grad und deuten auf ein wahres

Inferno, zum Beispiel explodierende Sterne, hin. Gammastrahlen schließlich, die energiereichsten Strahlen, können eigentlich nur aus Kernreaktionen herrühren – tatsächlich wurden die ersten umfangreicheren Messungen von Gammastrahlen in den 1970er Jahren von US-Spionagesatelliten gemacht, die nach geheimen sowjetischen Kernwaffenexperimenten fahndeten. Sie wiesen tatsächlich Gammastrahlung nach, allerdings in der falschen Richtung, nicht auf der Erde, sondern weit in den Tiefen des Alls – wenn auch die Astronomen sich nicht auf eine Entfernung der Strahlungsquelle festlegen konnten. Wenn die Strahlungsquelle in der Milchstraße oder in deren Nähe läge, müßte sie bereits außerordentlich stark sein. Doch wenn sie sich gar außerhalb unserer Galaxie befände, in den tiefsten Tiefen von Raum und Zeit, dann hätte man es hier gar mit den stärksten Energiequellen im ganzen Universum zu tun – Phänomenen, die mehrere Milliarden Jahre lang Strahlung mit Lichtgeschwindigkeit durchs All schleudern können, welche dann immer noch die Energie einer explodierenden Wasserstoffbombe hat.

Tatsächlich mußte man bei allen Beobachtungen *außerhalb* der Milchstraße die riesigen Entfernungen durch Einführung von Korrekturfaktoren mit berücksichtigen. Bei der Bestimmung der Temperatur eines Millionen oder Milliarden Lichtjahre entfernten Objekts mußte berücksichtigt werden, wieviel Energie auf dem Weg zur Erde verlorengegangen sein dürfte und welche Auswirkungen die Rotverschiebung hat. Die Forscher erkannten, daß aufgrund der Entfernungen auch Radiowellen mit extrem niedriger Energie zu Beginn ihrer Reise sehr hohe Temperaturen aufgewiesen haben mußten. 1958 beschäftigten sich Radioastronomen zum erstenmal mit ganz schwachen Signalen von Galaxien, die so weit entfernt waren, daß die Strahlung bei ihrer Entstehung durch einen Energieausbruch von der Stärke mehrerer Millionen Sonnen erzeugt worden sein mußte, einer Energiemenge, die ihr physikalisches Wissen in Frage stellte. In den frühen 1960er Jahren wurden ähnlich hohe Energiewerte bei *einzelnen* Lichtpunkten ermittelt, die man aufgrund von optischen Untersuchungen immer für Sterne gehalten hatte, die sich nun aber als außerhalb von Galaxien erwiesen. Sie wurden als *quasi-stellar radio sources* (sternenähnliche Radioquellen) oder Quasare bezeichnet, eine vollkommen neue Kategorie von Himmelserscheinungen. Und was war von der extragalaktischen Strahlung mit noch geringeren Wellenlängen, noch höherer Energie zu halten? Messungen im IR- und UV-Bereich erlaubten einen Einblick in das bislang unzugängliche Innere von Galaxien, während Röntgenstrahlen aus der Tiefe des Kosmos – das wurde den Astronomen erst langsam klar – sozusagen die »Todesschreie« von sterbenden Himmelskörpern darstellen mußten, die in Schwarzen Löchern verschwanden – ursprünglich nur für hypothetisch gehaltene Phänomene mit einer derart hohen Schwerkraft, daß sie alles verschlucken, sogar das Licht.

Immer mehr stellte sich heraus, wie wenig »authentisch« das bisherige Bild der Astronomie vom Universum war – es war zwar gewiß nicht völlig falsch, aber doch schockierend unvollständig. Das Weltall war nicht nur voller Information, viel mehr als das Auge selbst mit Hilfe von Teleskopen wahrnehmen konnte, sondern es war auch weit aktiver – ein wirbelndes, brodelndes, ungeheuer dynamisches Universum. Kaum hatten sich die Astronomen an den Gedanken gewöhnt, daß das Universum sich ausdehnt, wurde die unsichtbare Strahlung entdeckt, und erst damit wurde die volle Bedeutung der Aussage Edwin Hubbles deutlich: Das Universum ist noch gar nicht fertig.

Als William Herschel 1813 davon schwärmte, er habe Licht von vor zwei Millionen Jahren beobachtet, zwei Millionen Jahre in die Vergangenheit geblickt, war dies der Anfang vom Ende von Newtons harmonischer Vorstellung eines Universums, das regelmäßig wie ein Uhrwerk still vor sich hin tickt. Zudem warfen Herschels eitle Spekulationen unvermeidlich eine weitere Frage auf: Wenn die Lichtquelle vor zwei Millionen Jahren so aussah, wie sieht sie dann heute aus? Gibt es sie überhaupt noch? Um dies herauszufinden, müßten wir uns jedoch an einem anderen Ort aufhalten – nicht hier auf der Erde, sondern eben dort, in zwei Millionen Lichtjahren Entfernung. Mit anderen Worten, das *Jetzt* dieses Sterns kann auch nur *dort* stattfinden. In diesem Sinne begriffen die Astronomen allmählich, daß unsere *Zeit* definiert wird durch unsere *Position* im All relativ zu dem, was wir beobachten. Das trifft bereits für unsere Sonne zu, von der das Licht acht Minuten bis zur Erde braucht, ebenso wie für Herschels zwei Millionen Jahre entfernte Lichtquelle oder eine Milliarde Jahre entfernte Galaxie.

Dennoch: Die Vorstellung, daß ein Universum, das so alt ist wie seine ältesten Objekte, sich im Laufe der Zeit auch verändern konnte, war noch niemandem in den Sinn gekommen, bevor Hubble nach seinem Blick durch das Hooker-Teleskop festgestellt hatte, daß dies wohl der Fall sein muß – sollte diese Idee doch einmal jemandem gekommen sein, hätte er sie sicher rasch als allzu unglaubwürdig verworfen. Denn seit Newton sein universelles Gravitationsgesetz aufgestellt hatte, war immer angenommen worden, daß sich zwar die Positionen der einzelnen Teile des Uhrwerks im Laufe der Zeit leicht verändern könnten – ein Wackeln hier, eine kleine Verschiebung dort, bei ansonsten unveränderlichem Lauf auf vorhersagbaren, elliptischen Bahnen –, der Kosmos an sich aber im wesentlichen immer so existiert habe wie heute. Newton hatte für sein Uhrwerk-Universum noch eine höhere Macht vorgesehen, die das Uhrwerk gelegentlich aufzieht, einen Gott, der zwar nur selten, aber doch dann und wann eingreifen muß, um zu verhindern, daß die ganze Konstruktion in sich zusammenfällt. Pierre Simon de Laplace, der Mathematiker, der in seinen Berechnungen über das Sonnensystem den Einfluß jeder einzelnen Bewegung berücksichtigen wollte, strich später triumphierend das Erfordernis eines Schöpfers und bewies, daß

Newton seiner Physik ruhig hätte stärker vertrauen sollen, doch auch ihm gelang es nicht, die vollen Auswirkungen seiner neuen Erkenntnisse abzusehen. Auch Albert Einstein war bei der Ausarbeitung seiner Allgemeinen Relativitätstheorie ein Dutzend Jahre, bevor Hubble seine experimentellen Beobachtungen machte, auf mathematischem Wege darauf gekommen, daß sich das Universum ausdehnt, doch auch er weigerte sich, an diese Resultate zu glauben. Vielmehr fügte er 1917 in seine Berechnungen einen Phantom-Faktor ein, eine, wie er es nannte, »Kosmologische Konstante«, damit das Universum nun auch in seinen Gleichungen nicht mehr expandierte. Als ein anderer Mathematiker Anfang der 1920er Jahre argumentierte, aus mathematischer Sicht sei es unvermeidlich, daß sich das Universum ausdehne, räumte Einstein diese Möglichkeit zwar ein, weigerte sich aber dennoch, sie zu akzeptieren.

Dieser Widerstand war nur allzu verständlich. Das geozentrische Weltbild des Aristoteles hatte so lange überlebt, weil es unter Berücksichtigung des vorhandenen »Zeugnisses der Sinne« einfach am plausibelsten schien, und es wurde erst dann hinfällig, als Galileis Beobachtungen mit dem Fernrohr neue, zu anderen Schlußfolgerungen zwingende Daten lieferten. Nun erschien das neue, heliozentrische Weltbild des Kopernikus in der Newtonschen Interpretation am plausibelsten, und es würde Bestand haben, bis neue Beobachtungen es wiederum selbst hinfällig lassen würden.

Das hätte noch lange dauern können, doch bereits 1929 war es soweit. Ein Jahr nachdem Hubble seine rätselhaften vorläufigen Ergebnisse über die Rotverschiebung veröffentlicht hatte, daß nämlich eine Galaxis sich um so schneller zu entfernen scheint, je weiter sie entfernt ist, hielt sich Einstein zufällig am Mount Wilson-Observatorium auf, wo er sich über die neuesten Ergebnisse des 100-Zoll-Teleskops informierte und unter anderem auch mit George Ellery Hale diskutieren konnte. »Ob die steigende Rotverschiebung mit zunehmender Entfernung tatsächlich ein Anzeichen für Bewegung ist oder nicht«, schrieb er in einem Brief aus dieser Zeit, »ist eine der Fragen, die Einstein brennend interessieren. Er ist bereit, jede Erklärung zu akzeptieren, die durch die vorhandenen Daten am besten unterstützt wird.« Einstein selbst bezeichnete den anfänglichen Widerstand gegen die Schlußfolgerungen seiner eigenen Berechnungen später als »den größten Schnitzer meines Lebens«.

Ein Universum, das sich ausdehnt, muß jedoch auch *aus etwas* hervorgegangen sein. In den 1950er Jahren schlug George Gamow, ein in Rußland geborener Amerikaner, der mit zwei anderen amerikanischen Physikern, Ralph Alpher und Robert Herman, zusammenarbeitete, ein Kosmosmodell vor, bei dem er den Ausdehnungsvorgang mit mathematischen Methoden zurückverfolgte und am Ende seiner Berechnungen (also am Anfang der Zeit) bei einer nahezu unendlichen Ballung der gesamten Materie und Energie des Kosmos auf eine Ausdehnung von der Größe einer Pampelmuse landete. Diese blähte sich auf, bis sie schließlich die Größe des heutigen Kosmos erreicht hatte. Dabei sollte es sich bei diesem Vorgang jedoch *nicht* um eine Explosion handeln. Gamow ging vielmehr davon aus, sein Universum habe sich wie ein Luftballon vergrößert, der ja eine gewölbte Oberfläche darstellt, bei der sich beim Aufblasen auch jeder Punkt von jedem anderen ständig entfernt. Daher sieht es von jedem Punkt der Luftballonoberfläche – ebenso wie von jedem Punkt des Weltalls – so aus, als entfernte sich jeder andere Punkt. Es ging nicht darum, daß sich »neuer Raum« bilden sollte, um die Lücken zwischen den Galaxien zu füllen, sondern der bereits vorhandene Raum sollte sich konstant weiter ausdehnen, ebenso wie jeder Punkt der Luftballonoberfläche auch bereits vor dem Aufblasen vorhanden war. Gamows Konkurrent, der Physiker Fred Hoyle, bezeichnete dessen Ansatz in einer Radiosendung der BBC verächtlich als »*Big Bang*-Modell«, ein »Modell des Großen Knalls«

oder »Urknalls«. Der Begriff jedoch saß, und so entstand das weit-
verbreitete Mißverständnis, daß in Gamows Theorie von einem
explodierenden (statt einem sich ausdehnenden) Universum die
Rede sei. Die von Hoyle eigentlich beabsichtigte Diskreditierung
wurde dagegen gar nicht als solche registriert – insbesondere, als
eine wichtige Vorhersage der »Urknall-Theorie« experimentell
bestätigt werden konnte.

Wenn das Urknall-Modell stimmte, dann mußte die dabei
freigewordene Energie immer noch vorhanden sein. Im Universum müßte immer noch ein »Nachhall« dieser dramatischen
Vorgänge zu registrieren sein – Licht, daß sich im Verlauf der
Jahrmilliarden abgekühlt oder dessen Wellenlängen sich durch
die Rotverschiebung in Richtung auf die niedrigenergetischen
Radiowellen verschoben hatten. Alpher und Herman rechneten
aus, daß diese Reststrahlung einer Temperatur von 3 Kelvin, drei
Grad über dem absoluten Nullpunkt von −273 °C, entsprechen
sollte, also nur geringfügig, aber durchaus meßbar über der Temperatur liegen müßte, bei der sämtliche Bewegungen von Atomen
und Molekülen zum Stillstand kommen. 1964 testeten die beiden
Radioingenieure Arno Penzias und Robert Wilson (wiederum)
am Forschungsinstitut der Bell Labs in Holmdel, New Jersey, eine
neue, extrem empfindliche 6,60 m lange Antenne zur Kommuni-
kation mit Satelliten und entdeckten dabei ein seltsames Hinter-
grundrauschen. Nachdem sie mehrere mögliche Ursachen für
dieses neue Rätsel beseitigt hatten (darunter auch eine »weiße,
dielektrische Substanz«, nämlich Taubenkot), baten sie andere
Ingenieure aus diesem Forschungsgebiet um Hilfe. Einer von diesen, Robert Dicke von der nahegelegenen Universität Princeton,
hatte ebenfalls unabhängig von Alpher und Herman eine Temperatur von 3 K für die Hintergrundstrahlung des Urknalls errechnet, und er erkannte, daß die Frequenz und die Intensität
der bei den Bell Labs gemessenen Strahlung eben dieser Temperatur entsprachen. Dicke und seine Arbeitsgruppe arbeiteten nun

mit Penzias und Wilson zusammen und bestätigten, daß sie die »3 K-Hintergrundstrahlung« gefunden haben mußten.

Diese Entdeckung war ein Durchbruch für die Urknall-Theorie. Zum zweitenmal in einem Jahrhundert hatten an der gleichen Forschungseinrichtung Ingenieure durch puren Zufall mit der *gleichen neuen Technologie* bahnbrechende Entdeckungen gemacht. Die Astronomen mußten sich nun die Frage stellen, was sie mit nur ein wenig mehr Planung nicht noch alles entdecken konnten. Jetzt, als ihnen klar wurde, was ihnen jede neue Informationsquelle an Daten liefern konnte, mußten sie sich insbesondere überlegen, wie es anzustellen war, *noch mehr* aus diesen Daten herauszuholen.

Denn die Entdeckung des »3 Kelvin-Hintergrundes« hatte nicht nur die Radioastronomie gestärkt, sondern auch deren Leistungsfähigkeit als empirische Wissenschaft demonstriert. Auch sie würde natürlich neue technische Instrumente brauchen, neue Triumphe der Ingenieurskunst, die jedoch den traditionellen Teleskopen nur noch insoweit ähneln würden, als daß ihr Hauptziel das unermüdliche Einfangen von immer mehr elektromagnetischer Strahlung sein würde. Die extrem langen Radiowellen erforderten Parabolantennen mit Durchmessern, die sich die optischen Astronomen niemals hatten träumen lassen. Das Radioteleskop von Arecibo auf Puerto Rico zum Beispiel besitzt einen Durchmesser von 300 m und bedeckt eine Fläche von 26 Football-Feldern. Die Infrarotstrahlung stellte ganz andere Herausforderungen. Es zeigte sich, daß Infrarotstrahlen so allgegenwärtig sind (sie gehen von Menschen und Tieren ebenso aus wie von unbelebten Körpern), daß die Detektoren ihrer eigenen Wärmestrahlung nur dadurch entgehen können, indem man sie bei Temperaturen in der Nähe des Absoluten Nullpunkts ($-273\,°$C) aufbewahrt. Und die Astronomen, die Röntgenstrahlen beobachten wollten – die den Spiegel eines optischen Teleskops zerstören würden –, mußten erst lernen, röhrenförmige Spiegel zu verwenden, die die Strahlung deflektieren, anstatt sie zu reflektieren.

Zur gleichen Zeit erzwang die durch die unsichtbare Strahlung ausgelöste Revolution eine intensive Neudiskussion der bereits im Bereich des *sichtbaren* Lichts beobachteten Phänomene, und die Astronomen wünschten sich jetzt neue Geräte, mit denen sie auch scheinbar vertraute Objekte in einem neuen Licht sehen konnten, mit neuen Details und womöglich überhaupt als völlig neu – sie forderten Geräte mit noch höherem Auflösungsvermögen und noch größerer Lichtstärke. Bei dieser Aufgabe wurden sie unterstützt durch die Mikrometerschrauben-Version des 20. Jahrhunderts – den Computer. Von den 1970er Jahren an verschwanden die Glasplatten und Filme des 19. Jahrhunderts praktisch vollständig und wurden durch ein elektronisches Bauteil namens CCD *(charge-coupled device)* ersetzt, extrem lichtempfindliche Halbleiterdetektoren, die die Information nicht nur gleich in digitaler Form abspeicherten, sondern auch noch fünfmal so empfindlich waren wie die vorhergehende Generation von elektronischen Bauteilen, die ihrerseits bereits zehnmal empfindlicher gewesen waren als Fotos. Anstatt 2 oder 10 % der möglichen Himmelskörper zu registrieren, wurden einige Observatorien nun im Laufe der Jahre fähig, ihre Effizienz noch mit den alten Teleskopen auf 50 bis 80 % zu steigern.

Außerdem gelang es, mit neuen Methoden den Durchmesser der Empfangsanlagen weiter zu steigern. So baute man zum Beispiel in Arizona eine ganze Reihe von Spiegeln wabenmusterartig auf einer Fläche auf, die dann zu drei Vierteln nicht mit Spiegeln besetzt werden mußte, oder das »Keck«-Zwillingsteleskop mit einem scheinbaren Durchmesser von 10 m, das aus 36 sechseckigen Segmenten mit jeweils 1,80 m Durchmesser besteht, die mehrere hundert Mal pro Sekunde durch einen Computer justiert werden, wodurch zwei perfekt plane Ebenen simuliert werden. Durch den Computer wurde es den Forschern auch möglich, die

Signale noch vor der Aufnahme zu bearbeiten. Damit konnten Veränderungen der Erdatmosphäre, also die Wetterbedingungen, automatisch bei der Scharfstellung des Bildes berücksichtigt werden. Sensoren registrierten, wenn sich ein Spiegel unter seinem eigenen Gewicht verzog, und justierten die Auflagefläche sofort und automatisch. Glasfasertechnologie erlaubte es, eine Aufnahme von mehreren tausend Galaxien zu überwachen und die Aufnahmetechnik jeweils Nebel für Nebel individuell scharf einzustellen.

Ebenfalls mit Hilfe der Computertechnik konnten die Forscher nun das Bild auch noch nach der Aufnahme verändern – oder genauer gesagt, die digitalen Daten, aus denen die Bilder nun zusammengesetzt waren. Sie konnten Temperaturveränderungen farblich kennzeichnen oder störendes Licht von einer Galaxis im Vordergrund einfach ausblenden, um eine Galaxis im Hintergrund besser darzustellen. Computer konnten nun auch kosmologische Modelle aufstellen und die Physiker sowohl zu dem Zeitpunkt des Bruchteils einer Sekunde nach dem Big Bang zurückführen als auch um Milliarden Jahre in die Zukunft.

Inzwischen hatte nicht nur die Fotoplatte den Astronomen schon lange vom Okular abgebracht, sondern in Einzelfällen erlaubte es ein Computerchip den Wissenschaftlern sogar, vollständig dem Observatorium fernzubleiben. Anstatt sich Tausende Kilometer von zu Hause die eisige Nachtluft auf schwankenden Beobachtungsplattformen um die Nase wehen zu lassen, konnten die Forscher nunmehr in ihrem Büro sitzen und ihr Teleskop vom Computerbildschirm bedienen oder einfach morgens die in der Nacht gesammelten Daten über eine Fernleitung abrufen.

Und was für Daten! Entdeckung von zwei neuen Uranusmonden mit dem Lichtteleskop. Nachweis von Planeten in anderen Sonnensystemen durch Radiowellen, entdeckt durch Auswirkungen ihrer Schwerkraft auf ihre Sonnen. Nachweise von Schwarzen

Löchern durch Röntgenstrahl-Teleskopie. Nachweis von Schwarzen Löchern im Zentrum unserer Milchstraße und womöglich jeder Galaxie. Nachweis eines Schwarzen Lochs in voller Tätigkeit mit Hilfe von Röntgen-, Infrarot- und Radiostrahlung, das abwechselnd alles in seiner Nähe verschluckt und dann wieder Geysire von Gas mit 90 % der Lichtgeschwindigkeit ausstößt. Röntgenstrahl-Nachweis eines Objekts, das Raum und Zeit um sich herum anzieht und damit eine bestimmte Voraussage aus Einsteins Allgemeiner Relativitätstheorie bestätigt. Radiowellen-Nachweis eines »Nests« von mindestens einem Dutzend Supernova-Explosionen, von denen jede einzelne Hunderte Male mehr Energie in einer einzigen leuchtenden Explosion freisetzt als unsere Sonne während ihrer gesamten Lebensdauer. Nachweis über Gamma- und Röntgenstrahlen sowie über sichtbares Licht, daß Ausbrüche von Gammastrahlung tatsächlich in den tiefsten Tiefen des Alls stattfinden und damit die stärksten bekannten Energiequellen des Universums sind. Eine Radiowellenaufnahme von Penzias' und Wilsons »3 Kelvin-Hintergrund«, die das letzte Wellenrauschen des Urknalls zeigt, der eines Tages zu Galaxien, Sternen und schließlich auch zu unseren Körpern kondensieren sollte – und all das ist sicher auch nur wieder ein neuer Anfang.

Für jede Generation ist die Vorstellung verlockend, in der Mitte eines Goldenen Zeitalters zu leben, fast so als ob die Unmöglichkeit, in räumlicher Hinsicht in der Mitte des Universums zu sein, ein Bedürfnis nähre, zumindest in zeitlicher Hinsicht irgendwo im Mittelpunkt zu stehen. Doch speziell die immense Zahl neuer Entdeckungen in den 1980er und 90er Jahren legt tatsächlich eine Parallele zum letzten Goldenen Zeitalter nahe.

In vielerlei Hinsicht war das Teleskop am Ende des 20. Jahrhunderts dorthin zurückgekehrt, wo es in den ersten Jahrzehnten des 17. Jahrhunderts begonnen hatte. Zu beiden Zeitpunkten war gerade eine relativ grobe qualitative Phase abgeschlossen. Was für Galilei die Gebirge des Mondes, die Mediceischen Planeten und die Phasen der Venus waren, bedeuteten Pulsare, Schwarze Löcher und Ausbrüche von Gammastrahlen den Astronomen der 1950er bis 1970er Jahre. Daran schloß sich in beiden Fällen eine etwas schwierigere quantitative Phase an, und ebenso wie die Astronomen der zweiten Hälfte des 17. Jahrhunderts die Entfernungen und Dimensionen des Sonnensystems bestimmt hatten, begannen ihre Nachfolger gegen Ende des 20. Jahrhunderts, ihr neuentdecktes Universum zu vermessen.

Die Vermessung durch den Satelliten Hipparcos zwischen 1989 und 1997 erbrachte die einst für unerreichbar gehaltene Bestimmung der Parallaxe für 118 218 Sterne und ergab die Position von insgesamt 1 058 332 Sternen, dem Dreifachen jedes vorhergehenden Atlas der Milchstraße. Untersuchungen der Rotverschiebungen ermittelten die Entfernungen zu zunächst Hunderttausenden, dann Hunderten von Millionen einzelner Galaxien, und schließlich versahen die Forscher das Universum nicht nur mit der Dritten Dimension, wie es Herschel für unsere Milchstraße getan hatte, sondern entdeckten auch, daß die Galaxien selbst zu sogenannten Superhaufen mit fast einer Milliarde Lichtjahren Durchmesser gehören, und daß diese Superhaufen sich sogar selbst wieder zu noch größeren faden- oder mauerartigen zwei- oder dreidimensionalen Strukturen zusammenlagern, die die Vermutung nahelegten, das Universum selbst könnte vielleicht ähnlich aufgebaut sein wie ein Molekül. Und ein Jahr nachdem das Hubble-Teleskop sein Guckloch ins All gebohrt und die Astronomen die Zahl der Galaxien auf 50 Milliarden geschätzt hatten, schauten sie sich ihr Material genauer an und beschlossen dann in aller Ruhe, dieses Ergebnis gerade eben noch einmal zu verdoppeln.

Doch was diese riesige Menge neuer quantitativer Daten gegen Ende des 20. Jahrhunderts tatsächlich auszeichnete, war nicht der bloße buchhalterische Aspekt, und es war nicht einmal diese dritte Dimension, die sie den tiefsten Fernen des Universums nun verlieh, sondern es war die neue Betrachtungsweise des Kosmos in einer völlig neuen, *weiteren* Dimension: Aus all den Entfernungen, Temperaturen und Geschwindigkeiten entstand ein furioses Panorama von unablässigem Werden und Vergehen, Geburt und Tod von kosmischem Ausmaß, gar vom Anfang und möglichen Ende des Weltalls selbst – das Universum begann zu leben.

Ein Merkmal dafür, *wie* neu dieses Modell tatsächlich war, bestand darin, daß die Antwort nach dem *Wo?* des Endes des Universums nicht mehr lautete: *Dort, jenseits dieser Galaxien*, sondern *Damals: am Anfang der Zeit*. Zwei Jahre nach der Veröffentlichung der *Deep Field*-Daten verkündete ein Astronom, daß es ihm gelungen sei, erstmals zwischen zwei Galaxien *nichts mehr* zu entdecken – mit anderen Worten, daß das Teleskop tatsächlich die Grenzen des sichtbaren Lichts erreicht habe. Was die *unsichtbare* Strahlung betraf, kündigte ein anderer Astronom auf der gleichen Tagung an, daß eine zehnmonatige Infrarotuntersuchung durch einen Satelliten im Jahr 1989 nach achtjähriger Analyse den Gesamtbetrag aller seit dem Urknall freigesetzten Energie durch alle Sterne des Universums (nicht nur die der Milchstraße) erbracht habe. Das Resultat entsprach dem Doppelten von dem, was das Hubble-Teleskop ermittelt hatte. Vielleicht verbarg sich der Rest hinter Staubwolken, die das Infrarotteleskop des Satelliten nicht hatte durchdringen können, oder war schwach oder entfernt genug, der Beobachtung zu entgehen. Wie auch immer, das Ergebnis diente als hilfreiche Erinnerung an die Grenzen des Wissens. Ein Astronom bemerkte anläßlich dieser Berechnungen: »Auch schon, als das *Deep Field* hereinkam, glaubten wir, jetzt sähen wir wirklich alles.«

Dennoch hatte auch *damals* noch niemand ernsthaft behauptet, das Ende der Reise sei nun erreicht. In den späten 1970er Jahren wurde durch die Kombination von Beobachtungen von sichtbarem Licht und Radiowellen herausgefunden, daß Galaxien in einer Art und Weise rotierten, die anscheinend Keplers Gesetz zur Rotationsgeschwindigkeit verletzte: Ihre äußeren Ränder schienen sich einfach zu schnell zu drehen. Die einzige Erklärung, die diese Beobachtung unter Berücksichtigung der Schwerkraftgesetze sinnvoll erscheinen lassen konnte, war, daß die scheibenförmigen Galaxien tatsächlich größer waren, als zu beobachten war – daß irgendeine unsichtbare Materie den Außenbereich des Sternenwirbels bedeckte und so für die ungewöhnlich hohen Geschwindigkeiten des sichtbaren, nur scheinbar äußeren Rings sorgten. Diese unsichtbare, »dunkle« Materie trat jedoch nicht in Erscheinung – weder im Bereich des sichtbaren Lichts noch in dem der Radiowellen oder irgendeines anderen Bereichs des elektromagnetischen Spektrums.

Dies war ein ebenso großes Rätsel wie einige Jahrzehnte zuvor Janskys Rauschen, wenn nicht ein größeres: Eine fehlende Masse jenseits aller Wellenlängen – unmeßbar, außer durch den Schwerkrafteinfluß auf Materie, die entdeckbar *war*. Die Forscher bezeichneten diese unsichtbare Mehrheit des Universums als »Dunkle Materie« *(dark matter)* und schätzten, daß sie 90 %, wenn nicht sogar 99 % des Universums ausmacht.

Damit hatten die Astronomen während der gesamten Ära des Teleskops gerade einmal 1 % von 2 % von höchstens 10 % dessen untersucht, was dort draußen ist – und *dies* das Universum genannt.

1936 schrieb Edwin Hubble: »Die Geschichte der Astronomie ist eine Geschichte der sich erweiternden Horizonte.« Er bezog sich auf die Tiefen des Weltalls, von denen die Astronomen immer wieder geglaubt hatten, sie bildeten die Grenzen ihres Forschungsdrangs: Zunächst das, was sie als den »Bereich der Planeten« bezeichnet hatten, dann den »Bereich der Sterne«, und schließlich, auch dank seiner, Hubbles eigener Forschungen, den »Bereich der Sternennebel«. In der Tat schien die Idee eines statischen und unveränderlichen Universums im nachhinein ebenso primitiv wie das aristotelische Himmelsgewölbe mit fixierten und unveränderlichen Sternen, kaum daß Hubble die Rotverschiebungen einiger Nebel ermittelt hatte. Die Vorstellung hatte nur deshalb so lange überlebt, weil sie am plausibelsten schien. Nun hatte Hubble sie obsolet gemacht, indem er eine neue Reihe von Beobachtungen lieferte, die ein neues Modell des Universums unterstützten. Dieses Modell war dynamisch und änderte sich ständig; es schien immer noch ein paar einfachen Regeln zu folgen, doch es führte entlang Raum-Zeit-Pfaden und hinein in Schwarze Löcher, von denen Laplace sich nicht hätte träumen lassen; ein Universum, das sich weder als geo- noch als heliozentrisch erwies, sondern als azentrisch – oder vielleicht auch omnizentrisch: Weil beim Urknall alles bereits existierte, befindet sich im Prinzip eigentlich alles im Mittelpunkt des Universums. Oder nichts. Wie auch immer, da Hubble Galaxien sah, die sich in jede Richtung von ihm entfernten, war dies das Modell, das am plausibelsten schien, das die beste Übereinstimmung mit dem bot, was Galilei einst die »Gewißheit der Sinneserfahrungen« genannt hatte.

Die Erde als Scheibe, die Unbeweglichkeit des Globus, die perfekt kreisförmigen Bahnen der Planeten, die Position der Erde im Mittelpunkt des Universums, die unverrückbaren Positionen der Sterne, ein Universum, von dem man einmal hoffen konnte, es irgendwann vollkommen zu verstehen – all diese felsenfest auf Beobachtungen gegründeten Gewißheiten waren dahin. Hatten wir bei unserer Schöpfung eines Modells des Universums einen ebenso fundamentalen Fehler gemacht wie einst die Kartographen, indem sie den Kosmos von den Gestaden des Mittelmeers her ausschließlich mit Begriffen ihrer eigenen Welt beschrieben?

Zwar hatte die jeweils gerade verfügbare Teleskoptechnologie dem Erkenntnisdrang immer Grenzen gesetzt, doch die Beobachter selbst hatten diese Grenzen auch immer dazu benutzt, ihr gerade aktuelles Weltbild zu bestätigen – selbst wenn sie zur gleichen Zeit schon an der Überwindung dieser Grenzen arbeiteten. Die Grenzen des Galileischen Fernrohrs bestätigten, was die Astronomen des 17. Jahrhunderts wußten: daß Galilei schon alles gesehen hatte, was zu sehen sich lohnte. Ähnlich hatten die Grenzen des Keplerschen Fernrohrs bestätigt, was die Astronomen des 18. Jahrhunderts wußten: daß die Sterne keine Überraschungen bargen. Jetzt, als Folge der Neuen Astronomie des unsichtbaren Lichts, von der Revolution der Dunklen Materie ganz zu schweigen, stellte sich heraus, daß das Instrument selbst in jeder seiner Verkörperungen seine eigenen inhärenten Grenzen besaß, die sich nicht nur jeweils auf die Fragen auswirkten, was man erwarten oder wonach man suchen sollte, sondern auch darauf, *wie* man suchen sollte – also nicht nur die erwartete Information an sich beeinflußte, sondern die Natur der Information selbst.

Die Verheißungen der Technologie waren falsch, aber nicht leer. Die Schlußfolgerungen, die sie nährten, waren nicht unbedingt falsch, nur unvollständig. In den ersten vier Jahrhunderten seiner Existenz halfen das Fernrohr und später das Teleskop, eine Wissenschaft zu schaffen, die unser Bild des Universums schrittweise immer mehr erweiterte – von einem Kosmos, der, um in moderner Terminologie zu sprechen, nicht größer war als das Sonnensystem, zunächst zu einem, der nicht größer war als unsere Milchstraße, und schließlich zu einem, in dem mindestens Platz ist für ganze Supercluster von Galaxien –, um 100 Milliarden Galaxien, um ungefähr exakt zu sein. Und selbst wenn wir niemals das Ende unseres Universums erreichen, niemals herausfinden sollten, was vor dem Urknall war oder was hinter dem uns zugänglichen Horizont auf uns wartet, hätten wir durch all diese Anstrengungen doch zumindest unsere eigenen Grenzen besser kennengelernt.

Jedesmal wenn wir wieder einmal nicht herausfinden konnten, was dort jenseits der uns gesetzten Grenzen war, jedesmal wenn sogar unsere Phantasie versagte, lag das nicht nur an fehlender

Technologie und Information, sondern daran, daß wir uns selbst noch nicht über unsere eigenen geistigen Beschränkungen, unsere Vorurteile und vorgefaßten Meinungen im klaren waren, die unseren Blick nur allzu oft versperrten.

Als Galilei sein Fernrohr zum erstenmal auf den Mond richtete, in einem Garten zu Padua an einem klaren Herbstabend des Jahres 1609, mag die Frage, ob sich das Weltall verändert, auch schon existiert haben, aber sie war nicht drängend. Statt dessen lernte Galilei, welche Fragen er aus seinen gefundenen Antworten ableiten konnte. Schon bald darauf schien das Fernrohr selbst eine Art Antwort zu sein, die Lösung des lange vergessenen Rätsels, wie man entfernte Dinge sehen könnte, als wären sie nah. Später, nachdem das Fernrohr mit dem Teleskop in ein Instrument verwandelt war, mit dem man Messungen von unerhörter Präzision durchführen konnte, erschien es gar als Schlüssel zu absoluter Erkenntnis. Doch heute, nach fast vier Jahrhunderten, scheint es noch eine weitere Bedeutung für uns angenommen zu haben: Das Teleskop als ein Mittel zur Erforschung des Weltbilds in unseren Köpfen, der Annahmen, durch die wir uns ständig selbst beschränken, der Zwänge, denen wir unterliegen, kurz: zur Erkenntnis unserer eigenen Grenzen, des Welt-Ozeans, der uns für immer umschließt.

Die Antwort, so stellte sich heraus, war, was wir nicht wissen, die Frage war das Teleskop, und der Rest war Geschichte.

DANK

Der Autor möchte Barbara Grossman für ihre Anregungen danken, Dawn Drzal für die hervorragende redaktionelle Betreuung (selbst während der Zeit, als sie eine noch größere Last als üblich zu tragen hatte), Henry Dunow für sein beständiges Vertrauen und seine Freundschaft, und insbesondere Gabriel und Charlie für die Nachsicht, die sie für ihren Vater aufbrachten.

BIBLIOGRAPHIE

Ich vermute, es ist kein Zufall, daß die Entwicklung der Disziplin der Geschichte der Naturwissenschaft ein Phänomen des 20. Jahrhunderts, insbesondere ein Nach-Einstein- und Nach-Hubble-Phänomen ist. Erst nach der Überwindung von Newtons Kosmosmodell, erst nachdem man den Glauben aufgegeben hatte, man könne jemals eine »absolute Wahrheit« erreichen, konnte die Frage »*Was kommt danach?*« zu einem drängenden Problem werden – und um darauf eine Antwort zu finden, wurde es notwendig, sich darüber klarzuwerden, was zuvor eigentlich geschehen war. Drei Jahrhunderte lang hatten die Neuen Philosophen und ihre intellektuellen Nachfolger unter der Annahme gearbeitet, sie vollendeten ein in der Antike begonnenes Werk, und sie würden, arbeiteten sie nur lange und hart genug, das Universum von jedem einzelnen seiner letzten Rätsel befreien können. Dann kam die Relativitätstheorie und das sich ausdehnende Universum (von der Quantenmechanik und der Unschärferelation ganz zu schweigen), sie eines Besseren zu belehren, ihren kritiklosen Glauben zu hinterfragen und das Bedürfnis zu schaffen, mit den Ereignissen der vorhergegangenen drei oder vier Jahrhunderte das zu tun, was schon ihre Vorgänger in der Renaissance mit ihrer eigenen Geschichte (und ihren Geschichten) gemacht hatten: das Geschehene zu hinterfragen, die Ereignisse einzuordnen und der Vergangenheit eine Perspektive zu verleihen.

Die Ergebnisse dieser Anstrengungen waren derart überzeugend, daß es uns kaum noch (wenn überhaupt) möglich ist, die letzten vier Jahrhunderte so zu sehen wie früher, vor der Einführung jener Perspektive durch die Geschichte der Naturwissenschaften. Daher könnten die Leser ebenso überrascht sein wie ich es war, als ich erfuhr, daß noch 1920 die Zeitschrift *Nature* Leserbriefdebatten über die Frage abdruckte, inwieweit es angemessen sei, jemanden, der Wissenschaft betreibt, als »Wissenschaftler« zu bezeichnen. Die erste Erwähnung des Begriffs »Wissenschaftliche Revolution« findet sich 1930, und die erste Dissertation in Wissenschaftsgeschichte erfolgte 1943. Dieser ersten Generation von »Wissenschaftshistorikern« (ob akademisch als solche anerkannt oder nicht) verdanken wir die Arbeiten, mit deren Hilfe wir vieles aus dem vergangenen Jahrtausend sehen und interpretieren können, und obwohl diese Klassiker unausweichlich weiteren Revisionismus inspiriert haben oder zumindest teilweise zwischenzeitlich neu beurteilt worden sind (manchmal beurteilten sogar Autoren ihre eigenen früheren Arbeiten neu), stellen sie doch immer noch einen guten Ausgangspunkt dar. Dies trifft jedenfalls für mich zu: Marie Boas' *The Scientific Renaissance* 1450–1630, Herbert Butterfields *The Origins of Modern Science* 1300–1800, A. Rupert Halls *The Scientific Revolution,* 1500–1800, Alexandre Koyrés *From the Closed World to the Infinite Universe* sowie Thomas S. Kuhns *The Structure of Scientific Revolutions.*

Diese Bibliographie ist nur insoweit umfassend, als sie meine eigene spezielle Fragestellung für dieses Buch betrifft. Sie enthält weiterhin zahlreiche Standardwerke oder zumindest Werke von führenden Fachleuten, die einzelnen Lesern beim weiteren Verfolgen der Lebenswerke der historischen Hauptfiguren in diesem Buch von Nutzen sein könnten. Über Leben und Werk von Galilei lese man bei Stillman Drake nach, über William Herschel bei Michael Hoskin und über George Ellery Hale bei Helen Wright. In einem weiteren Sinn liefern die beiden Bücher von Michael J. Crowe hervorragende Einführungen sowie ausführliche Zitate aus astronomischen Schriften, die die menschlichen Kosmoskonzepte am meisten beeinflußten.

Mit diesem Buch möchte ich einen allgemeinen Überblick über die Geschichte von Fernrohr und Teleskop geben, mit einem Schwerpunkt auf deren Auswirkungen auf die Kosmologie. Leser, die stärker technisch orientierte Informationen über Fernrohr und Teleskope suchen, sollten sich das Buch von Louis Bell ansehen. Eine allgemeinverständlichere Darstellung findet sich bei Isaac Asimov und bei Richard Learner. Die umfassendste Darstellung findet sich nach wie vor bei Henry C. King, auch wenn sie die Entwicklungen der letzten Jahrzehnte nicht mehr enthält.

Jeder, der sich ernsthaft für die philosophischen Implikationen dieses Instruments interessiert, wird früher oder später auf Albert Van Helden stoßen, dessen wunderbares Gesamtwerk über dieses Thema eine eigene Erwähnung verdient.

Aus Gründen der Übersichtlichkeit habe ich bei dieser Literaturliste (mit einzelnen Ausnahmen) auf Zeitungs- und Zeitschriftenartikel verzichtet. Dies soll in keiner Weise Publikationen wie *Astronomy, Natural History, Science News, Scientific American, Sky & Telescope* oder andere gedruckte oder über das Internet verfügbare Arbeiten schmälern, die sich insgesamt eher an ein breiteres Publikum als an Fachleute richten. Tatsächlich waren diese Publikationen wertvolle Quellen für diese Arbeit und werden es sicher auch für jeden anderen Leser sein, der sich näher mit dem Thema Astronomie befassen möchte.

Abetti, Giorgio. The History of Astronomy. New York: Henry Schuman, Inc., 1952.

Armitage, Angus. Sun, Stand Thou Still. New York: Henry Schuman, Inc. 1947.

Armitage, Angus. William Herschel. Garden City, N.Y.: Doubleday & Co., Inc. 1963.

Asimov, Isaac. Eyes on the Universe. Boston: Houghton Mifflin Co., 1975.

Bell, Louis. The Telescope. New York: Dover Publications, Inc., 1981 (Nachdruck von 1922).

Bennett, J. A. »›On the Power of Penetrating into Space‹: The Telescopes of William Herschel«, Journal for the History of Astronomy (Juni 1976), S. 75–108.

Berendzen, Richard, Richard Hart und Daniel Seeley. Man Discovers the Galaxies. New York: Science History Publications, 1976.

Bernstein, Jeremy. A Theory for Everything. New York: Copernicus, 1996.

Bloom, Terrie F. »Borrowed Perceptions: Harriot's Maps of the Moon«, Journal for the History of Astronomy (Juni 1978), S. 117–122.

Boas, Marie. The Scientific Renaissance 1450–1630. New York: Harper & Brothers, 1962.

Boorstin, Daniel J. The Discoverers. New York: Vintage Books, 1985.

Brinton, Crane (Hrsg.). The Portable Age of Reason Reader. New York: Viking Press, 1956.

Bronowski, Jacob. »Copernicus as a Humanist«, in The Nature of Scientific Discovery, Hrsg. Owen Gingerich. Washington: Smithsonian Institution Press, 1975.

Burke, James. The Day the Universe Changed. Boston: Little, Brown and Co., 1985.

Burke, John G. (Hrsg.). The Uses of Science in the Age of Newton. Berkeley: University of California Press, 1983.

Butterfield, Herbert. The Origins of Modern Science 1300–1800. London: G. Bell and Sons Ltd., 1958.

Christianson, Gale E. This Wild Abyss. New York: Free Press, 1979.

Christianson, Gale E. Edwin Hubble, New York: Farrar, Straus, Giroux, 1995.

Coffin, Charles Monroe. John Donne and the New Philosophy. New York: Columbia University Press, 1937.

Cohen, I. B. »Roemer and the First Determination of the Velocity of Light (1676)«, Isis (April 1940), S. 327–379.

Cohen, I. Bernard. Science and the Founding Fathers. New York: W. W. Norton & Company, 1995.

Copernicus, Nicholas. Three Copernican Treatises, ins Englische übersetzt und mit einer Einleitung und Anmerkungen versehen von Edward Rosen. New York: Dover Publications, Inc., 1959.

Crowe, Michael J. Theories of the World from Antiquity to the Copernican Revolution. New York: Dover Publ., 1990.

Crowe, Michael J. Modern Theories of the Universe, from Herschel to Hubble. New York, Dover Publ., 1994.

Dampier, Sir William Cecil. A Shorter History of Science. Cleveland: World Publishing Company, 1957 (Nachdruck von 1944).

Drake, Stillman. Galileo Studies. Ann Arbor: University of Michigan Press, 1970.

Drake, Stillman. »Galileo's First Telescopic Observations«, Journal for the History of Astronomy (Oktober 1976), S. 153–168.

Drake, Stillman. Galileo at Work: His Scientific Biography. Chicago: University of Chicago Press, 1978.

Dressler, Alan. Voyage to the Great Attractor. New York: Vintage Books, 1995.

Dreyer, J. L. E. A History of Astronomy from Thales to Kepler. New York: Dover Publications Inc., 1953 (Nachdruck von 1906).

Durant, Will. The Story of Philosophy. New York: Simon & Schuster, 1961.

Eddington, Sir Arthur. »Weighing Light«, in Astronomy. Hrsg. Samuel Rapport und Helen Wright. New York: New York University Press, 1964.

Einstein, Albert. Über die allgemeine und die spezielle Relativitätstheorie. (Gemeinverständlich). Braunschweig, Vieweg, 1977 (Nachdruck von 1918).

Elliott, J. H. The Old World and the New 1492–1650. Cambridge: Cambridge University Press, 1970.

Fahie, J. J. Galileo – His Life and Work. London: John Murray, 1903.

Fehrenbach, Charles. »Twentieth-Century Instrumentation«, in Astrophysics and Twentieth-Century Astronomy to 1950, Part A, Hrsg. Owen Gingerich. Cambridge: Cambridge University Press, 1984.

Ferris, Timothy. Coming of Age in the Milky Way. New York: William Morrow & Co., 1988.

Ferris, Timothy. The Whole Shebang. New York: Simon & Schuster, 1997.

Field, J. V. und Frank A. L. J. James (Hrsg.). Renaissance and Revolution. Cambridge: Cambridge University Press, 1993.

Forbes, Eric G. »Early Astronomical Researches of John Flamsteed«, Journal for the History of Astronomy (Juni 1976), S. 124–138.

Friedman, Herbert. The Astronomer's Universe. New York: Ballantine Books, 1990.

Galilei, Galileo. Discoveries and Opinions of Galileo, ins Englische übersetzt und mit einer Einführung und Anmerkungen versehen von Stillman Drake. New York: Anchor Books, 1957.

Galilei, Galileo. Dialog über die beiden hauptsächlichen Weltsysteme. Übersetzt von Emil Strauß, Stuttgart, 1982 (Nachdruck von 1891).

Galilei, Galileo. Sidereus Nuncius – Nachricht von den neuen Sternen. Hrsg. u. eingeleitet von Hans Blumenberg, Frankfurt/M., 1980.

Gillispie, Charles Coulston (Hrsg.). Dictionary of Scientific Biography. New York: Charles Scribner's Sons, 1970–1990.

Gingerich, Owen. »Dissertatio cum Professore Righini et Sidereo Nuncio«, in Reason, Experiment and Mysticism, Hrsg. M. L. Righini Bonelli und William R. Shea. New York: Science History Publications, 1975.

Gingerich, Owen (Hrsg.). The Nature of Scientific Discovery. Washington: Smithsonian Institution Press, 1975.

Gingerich, Owen (Hrsg.). Astrophysics and Twentieth-Century Astronomy to 1950, Part A. Cambridge: Cambridge University Press, 1984.

Gingerich, Owen. »A Copernican Perspective«, in The Nature of Scientific Discovery. Washington: Smithsonian Institution Press, 1975.

Gingerich, Owen. »Does Science Have a Future?« in The Nature of Scientific Discovery. Washington: Smithsonian Institution Press, 1975.

Goldstein, Thomas. Dawn of Modern Science. Boston: Houghton Mifflin Company, 1980.

Greene, John C. American Science in the Age of Jefferson. Ames: Iowa State University Press, 1984.

Gribbin, John. In the Beginning. Boston: Little, Brown and Co., 1993.

Hale, George Ellery. Beyond the Milky Way. New York: Charles Scribner's Sons, 1926.

Hall, Rupert. The Scientific Revolution, 1500–1800. Boston: Beacon Press, 1966.

Hall, Rupert. »The Nature of Scientific Discovery«, in The Nature of Scientific Discovery. Washington: Smithsonian Institution Press, 1975.

Hall, Marie Boas. »The Spirit of Innovation in the Sixteenth Century«, in The Nature of Scientific Discovery. Washington: Smithsonian Institution Press, 1975.

Halley, Edmond. Correspondence and Papers of Edmond Halley, Hrsg. Eugenie Fairfield MacPike. New York: Arno Press, 1975 (Nachdruck von 1932).

Hartner, Willy. »The Role of Observations in Ancient and Medieval Astronomy«, Journal for the History of Astronomy (Februar 1977). S. 1–11.

Hathaway, Nancy. The Friendly Guide to the Universe. New York: Viking, 1994.

Hawking, Stephen W. Eine kurze Geschichte der Zeit. Rowohlt, 1988.

Henbest, Nigel und Michael Marten. The New Astronomy. Cambridge: Cambridge University Press, 1996.

Hindle, Brooke. The Pursuit of Science in Revolutionary America 1735–1789. Chapel Hill: University of Carolina Press, 1956.

Holden, Edward S. Sir William Herschel: His Life and Works. New York: Charles Scribner's Sons, 1881.

Hoskin, Michael. »William Herschel's Early Investigations of Nebulae: A Reassessment«, Journal for the History of Astronomy (Oktober 1979), S. 165–176.

Hoskin, Michael. Stellar Astronomy. Bucks, England: Science History Publications, 1982.

Hoskin, Michael. »William Herschel and the Making of Modern Astronomy«, Scientific American (Februar 1986), S. 106–112.

Hoskin, Michael A. William Herschel and the Construction of the Heavens. New York: W. W. Norton & Company, Inc. 1964.

Jaki, Stanley L. The Milky Way. New York: Science History Publications, 1972.

Kelsey, Larry, und Darrel Hoff. Recent Revolutions in Astronomy. New York: Franklin Watts, 1987.

King, Henry C. The History of the Telescope. New York: Dover Publ., 1979 (Nachdruck von 1955).

Koestler, Arthur. The Sleepwalkers. New York: Macmillan Company, 1959; dt. Die Schlafwandler. Die Entstehungsgeschichte unserer Welterkenntnis. Frankfurt am Main: Suhrkamp 1980.

Kolb, Rocky. Blind Watchers of the Sky. New York: Addison-Wesley, 1996.

Koyré, Alexandre. From the Closed World to the Infinite Universe. Baltimore: Johns Hopkins Press, 1957.

Koyré, Alexandre. Newtonian Studies. Cambridge, Mass.: Harvard University Press, 1965.

Koyré, Alexandre. Metaphysics and Measurement. Cambridge, Mass.: Harvard University Press, 1968.

Koyré, Alexandre. The Astronomical Revolution. New York: Dover Publ. Inc., 1992 (Nachdruck von 1973 und 1961).

Kuhn, Thomas S. Die Struktur wissenschaftlicher Revolutionen. Frankfurt am Main: Suhrkamp, 1976².

Kuhn, Thomas S. The Copernican Revolution. Cambridge, Mass.: Harvard University Press, 1979 (Nachdruck von 1959).

Lankford, John. »The Impact of Photography on Astronomy«, in Astrophysics and Twentieth-Century Astronomy to 1950, Part A, Hrsg. Owen Gingerich. Cambridge: Cambridge University Press, 1984.

Learner, Richard. Astronomy Through the Telescope. New York: Van Nostrand Reinhold Company, 1981.

Lewis, C. S. The Discarded Image. Cambridge: Cambridge University Press, 1964.

Lightman, Alan. Ancient Light. Cambridge, Mass.: Harvard University Press, 1991.

Lightman, Alan. Time for the Stars. New York: Viking, 1992.

Lovell, A. C. B. »Radio Telescopes«, in Astronomy. Hrsg. Samuel Rapport und Helen Wright. New York: New York University Press, 1964.

Lovell, Bernard. Man's Relation to the Universe. San Francisco: W. H. Freeman and Co., 1975.

Lovell, Bernard. In the Center of Immensities. New York: Harper & Row, 1978.

Lovell, Bernard. Astronomer by Chance. New York: Basic Books, Inc. 1990.

Lubbock, Constance A. The Herschel Chronicle. Cambridge: Cambridge University Press, 1933.

MacPike, Eugene Fairfield (Hrsg.). Hevelius, Flamsteed and Halley. London: Taylor and Francis, Ltd., 1937.

MacPike, Eugene Fairfield. Correspondence and Papers of Edmond Halley. New York: Arno Press, 1975 (Nachdruck von 1932).

Manly, Peter L. Unusual Telescopes. Cambridge: Cambridge University Press, 1991.

Meadows, A. J. »The New Astronomy«, in Astrophysics and Twentieth-Century Astronomy to 1950, Part A, Hrsg. Owen Gingerich. Cambridge: Cambridge University Press, 1984.

Meadows, A. J. »The Origins of Astrophysics«, in Astrophysics and Twentieth-Century Astronomy to 1950, Part A, Hrsg. Owen Gingerich. Cambridge: Cambridge University Press, 1984.

Meeus, Jean. »Galileo's First Records of Jupiter's Satellites«, Sky & Telescope (Februar 1964), S. 105–106.

Munitz, Milton K. (Hrsg.). Theories of the Universe from Babylonian Myth to Modern Science. Glencoe, Ill.: Free Press, 1957.

Nef, John U. »The Interplay of Literature, Art, and Science in the Time of Copernicus«, in The Nature of Scientific Discovery, Hrsg. Owen Gingerich. Washington: Smithsonian Institution Press, 1975.

Nicolson, Marjorie. Voyages to the Moon. New York: Macmillan Company, 1948.

Nicolson, Marjorie. The Breaking of the Circle. New York: Columbia University Press, 1962.

Nicolson, Marjorie. Science and Imagination. Hamden, Conn.: Archon Books, 1976 (Nachdruck von 1956).

North, John. Astronomy and Cosmology. New York: W. W. Norton & Company, 1994.

Oberman, Heiko. »Reformation and Revolution: Copernicus' Discovery in an Era of Change«, in The Nature of Scientific Discovery, Hrsg. Owen Gingerich. Washington: Smithsonian Institution Press, 1975.

Ornstein, Martha. The Role of Scientific Societies in the Seventeenth Century. New York: Arno Press, 1975 (Nachdruck von 1928).

Overbye, Dennis. Lonely Hearts of the Cosmos. New York: HarperCollins Publ., 1991.

Pannekoek, A. A History of Astronomy. London: George Allen & Unwin Ltd., 1961.

Preston, Richard. First Light. New York: Random House (überarbeitete Ausgabe), 1996.

Rapport, Samuel und Helen Wright (Hrsg.). Astronomy. New York: New York University Press, 1964.

Reston, James, Jr. Galileo: A Life. New York: HarperCollins, 1994.

Ridpath, Ian. A Dictionary of Astronomy. Oxford: Oxford University Press, 1997.

Righini Bonelli, M. L. und William R. Shea (Hrsg.). Reason, Experiment and Mysticism in the Scientific Revolution. New York: Science History Publications, 1975.

Righini, Guglielmo. »New Light on Galileo's Lunar Observations«, in Reason, Experiment and Mysticism in the Scientific Revolution, M. L. Righini Bonelli, William R. Shea (Hrsg.). New York: Science History Publications, 1975.

Ronan, Colin A. »Galileo Galilei – 1564–1642«, Sky & Telescope (Februar 1964), S. 72–78.

Ronan, Colin A. Astronomers Royal. Garden City, New York: Doubleday & Co., Inc., 1969.

Ronan, Colin A. Edmond Halley: Genius in Eclipse. Garden City, New York: Doubleday & Co., Inc., 1969.

Rosen, Edward. The Naming of the Telescope. New York: Henry Schuman, 1947.

Rosen, Edward. »When Did Galileo Make His First Telescope?«, Centaurus (1951), S. 44–51.

Rosen, Edward. »The Authenticity of Galileo's Letter to Landucci«, Modern Language Quarterly (Dezember 1951), S. 473–486.

Rosen, Edward. »Did Galileo Claim He Invented the Telescope?«, Proceedings of the American Philosophical Society (15. Oktober 1954), S. 304–312.

Rowan-Robinson, Michael. Cosmic Landscape. Oxford: Oxford University Press, 1979.

Sandage, Allan. »Edwin Hubble 1889–1953«, Journal of the Royal Astronomical Society of Canada (Dezember 1989).

Schaffer, Simon. »Herschel in Bedlam: Natural History and Stellar Astronomy«, British Journal for the History of Science (November 1980), S. 211–239.

Segre, Michael. In the Wake of Galileo. New Brunswick, N. J.: Rutgers University Press, 1991.

Shapin, Steven. The Scientific Revolution. Chicago: University of Chicago Press, 1996.

Shapley, Harlow. Flights from Chaos. New York: Whittlesey House, McGraw-Hill Book Company, Inc., 1930.

Shapley, Harlow. Of Stars and Men. Boston: Beacon Press, 1958.

Shea, William R. »Introduction: Trends in the Interpretation of Seventeenth Century Science«, in Reason, Experiment and Mysticism in the Scientific Revolution. Righini Bonelli, M. L. und William R. Shea (Hrsg.). New York: Science History Publications, 1975.

Sheehan, William. Planets & Perception. Tucson: University of Arizona Press, 1988.

Sidgwick, J. B. William Herschel. London: Faber and Faber Ltd., 1953.

Singer, Charles, E. J. Holmyard, A. R. Hall und Trevor I. Williams (Hrsg.). A History of Technology, vol. III, From the Renaissance to the Industrial Revolution c1500–c1750. London: Oxford University Press, 1957.

Singer, Charles. A Short History of Scientific Ideas to 1900. New York und London: Oxford University Press, 1959.

Smith, R. W. »The Origins of the Velocity-Distance Relation«, Journal for the History of Astronomy (Oktober 1979), S. 133–165.

Spangenburg, Ray und Diane K. Moser. On the Shoulders of Giants: The History of Science in the Eighteenth Century. New York: Facts on File, 1993.

Sullivan, Woodruff T., III. »Early Radio Astronomy«, in Astrophysics and Twentieth-Century Astronomy to 1950, Part A. Cambridge: Cambridge University Press, 1984.

Suter, Rufus. »Some Relics of Galileo in Florence«, in Scientific Monthly (Oktober 1951); S. 229–234.

Suter, Rufus. »Galileo in Padua«, Sky & Telescope (Februar 1964), S. 99–100.

Temkin, Owesi. »Science and Society in the Age of Copernicus«, in The Nature of Scientific Discovery, Hrsg. Owen Gingerich. Washington: Smithsonian University Press, 1975.

Trefil, James. The Dark Side of the Universe. New York: Charles Scribner's Sons, 1988.

Tucker, Wallace und Karen Tucker. The Cosmic Inquirers. Cambridge, Mass.: Harvard University Press, 1986.

Turner, A, J »Some Comments by Caroline Herschel on the Use of the 40ft Telescope«, Journal for the History of Astronomy (Oktober 1977), S. 196–198.

Van Helden, Albert. »The Telescope in the Seventeenth Century«, Isis (1974), S. 38–58.

Van Helden, Albert. »The Importance of the Transit of Mercury of 1631«, Journal for the History of Astronomy (Februar 1976), S. 1–10.

Van Helden, Albert. »The Development of Compound Eyepieces, 1640–1670«, Journal for the History of Astronomy (Februar 1977), S. 26–37.

Van Helden, Albert. The Invention of the Telescope. Philadelphia: American Philosophical Society, 1977.

Van Helden, Albert. »The Birth of the Modern Scientific Instrument, 1550–1700«, in The Uses of Science in the Age of Newton, Hrsg. John G. Burke. Berkeley: University of California Press, 1983.

Van Helden, Albert. »Telescope Building, 1850–1900«, in Astrophysics and Twentieth-Century Astronomy to 1950, Part A, Hrsg. Owen Gingerich. Cambridge: Cambridge University Press, 1984.

Van Helden, Albert. »Building Large Telescopes, 1900–1950«, in Astrophysics and Twentieth-Century Astronomy to 1950, Part A, Hrsg. Owen Gingerich. Cambridge: Cambridge University Press, 1984.

Van Helden, Albert. Measuring the Universe. Chicago: University of Chicago Press, 1985.

Van Helden, Albert. »Telescopes and Authority from Galileo to Cassini«, Osiris (1994), S. 9–29.

Van Helden, Albert und Thomas L. Hankins. »Instruments in the History of Science«, Osiris (1994), S. 1–6.

Vaucouleurs, Gérard de. Discovery of the Universe. New York: Macmillan Company, 1957.

Wallace, Alfred R. Man's Place in the Universe. New York: McClure, Phillips & Co. 1903.

Warner, Brian. »Portrait of a 40-foot Giant«, Sky & Telescope (März 1986), S. 253–254.

Wheeler, John Archibald. »The Universe as Home for Man«, in The Nature of Scientific Discovery, Hrsg. Owen Gingerich. Washington: Smithsonian Institution Press, 1975.

Whitaker, Ewan A. »Galileo's Lunar Observations and the Dating of the Composition of ›Sidereus Nuncius‹«, Journal for the History of Astronomy (Oktober 1978), S. 155–169.

Wilford, John Noble. The Mapmakers. New York: Vintage Books, 1982.

Winkler, Mary G. und Albert van Helden. »Representing the Heavens: Galileo and Visual Astronomy«, Isis (1992), S. 195–217.

Winkler, Mary G. »Hevelius and the Visual Language of Astronomy«, in Renaissance and Revolution, Hrsg. J. V. Field und Frank A. J. L. James. Cambridge: Cambridge University Press, 1993.

Wolf, A. A History of Science, Technology, & Philosophy in the 18th Century. New York: Harper & Brothers, 1961 (Nachdruck von 1938 und 1952).

Wright, Helen. Palomar. New York: Macmillan Company, 1952.

Wright, Helen. Explorer of the Universe. New York: E. P. Dutton & Co., Inc., 1966.

Wright, Helen, Joan Warnow und Charles Weiner (Hrsg.). The Legacy of George Ellery Hale. Cambridge, Mass.: MIT Press, 1972.

Zajonc, Arthur. Catching the Light. New York: Oxford University Press, 1995.

REGISTER

Heinz-Otto Peitgen / Hartmut Jürgens / Dietmar Saupe:
Chaos – Bausteine der Ordnung

Aus dem Amerikanischen von Anna M. Rodenhausen
688 Seiten, 330 Abb. und Fotos, geb., ISBN 3-608-95435-X

Die Wissenschaft schickt sich an, die Geheimnisse des Unberechenbaren zu entschlüsseln und erschüttert damit unser Weltbild. Die Chaos-Forschung ist auf dem Weg, unser von den klassischen Wissenschaften geprägtes Denken radikal zu verändern. Grund genug, die Chaostheorie und die Fraktale Geometrie auch als festen Bestandteil in unserem Denken zu integrieren.
Allen naturwissenschaftlich und mathematisch Begeisterten die Grundlagen dieser jüngsten wissenschaftlichen Revolution verständlich zu machen, ist Ziel dieses Buches.
Die Autoren Heinz-Otto Peitgen, Hartmut Jürgens und Dietmar Saupe vom Zentrum der Chaosforschung Bremen gehören zu den international führenden Chaosforschern.

Heinz-Otto Peitgen / Hartmut Jürgens / Dietmar Saupe:
Bausteine des Chaos – Fraktale

Aus dem Amerikanischen von Ernst F. Gucker
514 Seiten, 314 Abb. und Fotos, geb., ISBN 3-608-95888-6

»...eine hervorragende Darstellung der mathematischen Disziplin, die sich erst entfalten konnte, als der Computer erfunden war, die experimentelle Mathematik.«
Thomas von Randow / Die ZEIT

Klett-Cotta

Étienne Klein / Marc Lachièze-Rey:
Die Entwirrung des Universums
Physiker auf der Suche nach der Weltformel
Aus dem Französischen von Friedrich Griese
233 Seiten, gebunden, ISBN 3-608-91905-8

Die Vorstellung, daß die Vielfalt des Wirklichen durch eine ihr
zugrundeliegende Einheit erklärt werden könnte, ist so alt wie
das Denken selbst. Die großen Mythen erzählen davon, und die
ersten Philosophen schärften ihr Denken daran. Die moderne
Wissenschaft schreibt diesen Plan fort, die Physik, indem sie
z. B. die Begriffe Materie und Bewegung zusammen-
zubringen sucht.

Der Physiker Étienne Klein, Autor der »Gespräche mit der
Sphinx«, und der Astrophysiker Marc Lachièze-Rey spielen alle
Formen der Suche nach dem Einen durch, von den
Vorsokratikern über Galilei, von der Newtonschen Mechanik bis
zur Relativitätstheorie Einsteins und der Quantenphysik. Damit
schreiben sie eine Geschichte der jeweils vorschnell für endgültig angesehenen Welterklärungen, die zu einer größeren
Vereinheitlichung führten, paradoxerweise aber neue Fragen
aufwarfen und so in der Folge die Vielfalt vermehrten.

Klein und Lachièze-Rey gelingt es, an einer Vielzahl von
Beispielen dem Leser anschaulich zu machen, daß die Einheit
des Universums und die Vereinheitlichung der physikalischen
Anschauungen kein abgeschlossenes Ergebnis sind. Sie sind
Prozesse, die nie aufgehört haben, sich zu entfalten: Es muß
eine Einheit geben, damit die Physik eine Grundlage hat, aber
diese Einheit bleibt der Horizont, zu dem sie immer
unterwegs ist.

Klett-Cotta